计算机网络理论与
管理创新研究

王 恒 赵国栋 著

哈尔滨出版社
HARBIN PUBLISHING HOUSE

图书在版编目（CIP）数据

计算机网络理论与管理创新研究 / 王恒, 赵国栋著
. -- 哈尔滨 : 哈尔滨出版社, 2022.9
ISBN 978-7-5484-6737-3

Ⅰ.①计… Ⅱ.①王… ②赵… Ⅲ.①计算机网络—
研究 Ⅳ.①TP393

中国版本图书馆CIP数据核字(2022)第172543号

书　　名：计算机网络理论与管理创新研究
JISUANJI WANGLUO LILUN YU GUANLI CHUANGXIN YANJIU

作　　者：王　恒　赵国栋　著
责任编辑：王嘉欣
封面设计：文　亮

出版发行：哈尔滨出版社（Harbin Publishing House）
社　　址：哈尔滨市香坊区泰山路82-9号　　邮编：150090
经　　销：全国新华书店
印　　刷：北京宝莲鸿图科技有限公司
网　　址：www.hrbcbs.com
E－mail：hrbcbs@yeah.net
编辑版权热线：（0451）87900271　87900272

开　　本：787mm×1092mm　1/16　印张：9.25　字数：200千字
版　　次：2022年9月第1版
印　　次：2022年9月第1次印刷
书　　号：ISBN 978-7-5484-6737-3
定　　价：68.00元

凡购本社图书发现印装错误，请与本社印制部联系调换。
服务热线：（0451）87900279

前　言

随着计算机技术及全球信息化趋势的发展、计算机网络规模的不断扩大和快速发展，渐渐地计算机网络已经成为人们生活中不可缺少的一部分。计算机网络管理技术在计算机网络中的地位显得越来越重要。而网络安全日益成为人们关注的焦点。本书讲述了影响网络安全的主要因素及攻击方式和计算机网络管理技术的应用与发展趋势。

网络的出现，将过去时间与空间相对独立和分散的信息集合起来，构成一个庞大的数据信息资源系统，为人们提供更加便捷的信息处理与使用方式，极大地推动了信息化时代的发展进程。然而，随之而来的是这些信息数据的安全问题，开放性的网络平台为一些有非分之想的入侵者提供了可乘之机，不但会造成资源的破坏，给使用者带来损失，同时也会给整个网络带来相当大的安全隐患。因此在计算机网络高速发展的同时，计算机网络管理技术也显得尤为重要。

随着现代企业和网络通信技术的不断发展，企业网管软件也不断推陈出新，未来的网络管理呈现如下发展趋势：对于网络管理者来说，如何有效地管理网络，如何为现有网络规划网络管理系统已变得尤为迫切。随着用户对网络功能理解的进一步深入和大量企业级网络应用的实施，网络性能的管理也成了一个用户关注的话题。

目前，现代化的网络管理技术集通信技术、Internet 服务技术和信息处理技术于一身。网络的复杂程度也日益加剧。为适应网络大发展的这一时代需要，在构建计算机网络时必须高度重视网络管理的重要性，重点从网管技术和网管策略设计两个大的方面全面规划和设计好网络管理的方方面面，以保障网络系统高效、安全地运行。从而使计算机网络管理技术应用也越来越广泛，前景也越来越美好并占有更加重要的地位。

目 录

第一章 计算机网络基础 ·· 1

    第一节 计算机网络的定义、产生和发展 ······························ 1

    第二节 计算机网络的分类 ··· 3

    第三节 计算机网络的功能与应用 ······································ 5

    第四节 计算机网络的结构 ··· 6

第二章 计算机网络前沿理论 ··· 11

    第一节 计算机理论中的毕达哥拉斯主义 ···························· 11

    第二节 计算机软件的应用理论 ······································ 18

    第三节 计算机辅助教学理论 ··· 21

    第四节 计算机智能化图像识别技术的理论 ·························· 24

    第五节 计算机大数据应用的技术理论 ······························ 26

    第六节 控制算法理论及网络图计算机算法显示研究 ················ 28

第三章 计算机网络技术 ·· 32

    第一节 计算机网络技术的发展 ······································ 32

    第二节 人工智能与计算机网络技术 ································· 33

    第三节 计算机网络技术的广泛应用 ································· 36

    第四节 计算机网络技术与区域经济发展 ···························· 39

    第五节 计算机技术的创新过程探讨 ································· 41

    第六节 通信技术与计算机技术创新 ································· 43

第四章 计算机软件的测试技术 ··· 46

    第一节 计算机软件测试概述 ··· 46

第二节　计算机软件可靠性测试……………………………………49

第三节　计算机软件测试环节与深入应用……………………………51

第四节　嵌入式计算机软件测试关键技术……………………………53

第五节　三取二安全计算机平台测试软件设计………………………55

第六节　软件测试在 Web 开发中的应用……………………………57

第五章　计算机信息化技术………………………………………………60

第一节　计算机信息化技术的风险防控……………………………60

第二节　计算机信息化技术应用及发展前景…………………………62

第三节　计算机信息技术中的虚拟化技术…………………………64

第四节　计算机信息技术的自动化改造……………………………66

第五节　信息化时代计算机网络安全防护……………………………69

第六节　计算机科学与技术的发展及信息化…………………………72

第六章　VR 技术……………………………………………………………75

第一节　VR 技术的媒体适应性………………………………………75

第二节　VR 技术的应用现状…………………………………………80

第三节　VR 技术对影视语言的全新改变……………………………83

第四节　VR 技术与档案展览…………………………………………87

第五节　VR 技术的园林景观设计……………………………………89

第六节　图书馆应用 VR 技术创新服务………………………………92

第七节　VR 技术在安全领域的应用思考……………………………96

第七章　计算机视觉的基本技术………………………………………100

第一节　计算机视觉下的实时手势识别技术………………………100

第二节　基于计算机视觉的三维重建技术…………………………103

第三节　基于监控视频的计算机视觉技术…………………………107

第四节　计算机视觉算法的图像处理技术…………………………109

第五节　计算机视觉图像精密测量的关键技术……………………113

第六节　计算机视觉技术的手势识别步骤与方法 ················· 116

第七节　计算机视觉的汽车安全辅助驾驶技术 ··················· 118

第八章　大数据关键技术管理 ······························· 122

第一节　当前大数据时代的数据管理技术 ····················· 122

第二节　大数据的存储管理技术 ······························· 124

第三节　大数据技术与企业财务管理 ··························· 126

第四节　大数据技术与智能交通管理 ··························· 129

第五节　全面预算绩效管理与大数据技术 ····················· 132

第六节　大数据技术与事业单位档案管理 ····················· 137

参考文献 ··· 140

第一章　计算机网络基础

第一节　计算机网络的定义、产生和发展

计算机技术和通信技术是推动计算机网络发展的两个根本要素。这两个技术的结合，使计算机网络不断向前发展。人们利用连接到世界各地的计算机网络来获取、查询、存储、传输以及处理信息，广泛利用信息进行学习、工作、生产等的控制与决策。全球计算机网络不断发展并日益深入到全球经济生活和社会生活的各个角落，已经成为人们生活中不可缺少的交际工具。

一、计算机网络的定义

计算机网络是通信技术和计算机技术相结合的产物。为理解计算机网络的含义，将其定义如下：将独立自主的、地理上分散的计算机系统，通过通信设备和传输介质连接起来，在完善的网络软件控制下可以实现信息传输和资源共享的系统，就是计算机网络。说明如下：

首先，组成计算机网络的计算机系统应该是独立自主的，即网络中的每台计算机都能独立进行数据处理，各计算机之间地位平等。

其次，构成网络的计算机系统在地理位置上是相互分散的，其耦合程度较弱。

再次，构成计算机网络必须配备完善的网络软件，网络软件主要包括网络协议和网络操作系统，其作用是为用户提供网络服务。

最后，构建一个计算机网络的目的是实现资源共享和数据传输。计算机网络的资源可以分成三类，即硬件资源、软件资源和数据资源。其中，硬件资源主要包括网络中的服务器和工作站中的处理器、存储器、打印机等外设资源以及相关网络设备，软件资源主要包括网络中各计算机的应用程序等共同享用的软件，而数据资源则是指存储于各计算机供用户使用的各类数据。

除了提供资源共享外，计算机网络还提供数据传输的能力。许多公用的通信网络，它们本身不具备资源共享，而是为组建各用户的网络提供传输数据的功能。

二、计算机网络的产生和发展

计算机网络的发展经历了五个阶段的演进，即面向终端的计算机网络、计算机—计算机网络、开放式标准化网络、计算机局域网络以及国际互联网。

（一）面向终端的计算机网络

1946 年世界上第一台数字计算机问世，其后由于计算机的数量非常少且非常昂贵，故此时计算机大都采用批处理方式，用户使用计算机先要将程序和数据制成纸带或卡片，再送到计算中心进行处理。1954 年，出现了一种被称作收发器（transceiver）的终端，人们使用这种终端首次实现了将穿孔卡片上的数据通过电话线路发送到远地的计算机。此后，电传打字机也作为远程终端和计算机相连，用户可以在远地的电传打字机上输入自己的程序，而计算机计算出来的结果也可以传送到远地的电传打字机上并打印出来，形成了以单个计算机为中心的远程联机系统，构成面向终端的计算机网络。这种简单的"终端—通信线路—终端"系统，构成了计算机网络的雏形。

随着联机数目不断增多，为减轻承担数据处理的中心计算机的负载，在通信线路和中心计算机之间设置了前端处理机，负责主机与终端之间的通信控制。同时利用调制解调器进行数据的转换与传输，提高通信线路的利用率，节约了远程通信线路的投资。但是这种形式的计算机网络由于是单处理机系统，因此其数据处理效率低、通信效率低而且可靠性低。

（二）计算机—计算机网络

20 世纪 60 年代中期开始出现若干计算机互连的系统，开创"计算机—计算机"通信的时代。现代意义上的计算机网络是从 1969 年美国国防部高级研究计划局建成的ARPAnet 开始的。该网络的主要目标是借助于通信系统，使网络内的各个计算机能够共享资源。在运行的最初阶段，该网络拥有 4 个节点，以电话线为主干网络，两年后，建成15 个节点，此后不断扩大。到 20 世纪 70 年代后期，网络节点超过 60 个，主机 100 多台，地理范围跨越美洲大陆，实现了资源共享、分散控制，采用了专门的通信控制处理机以及分层的网络协议，在概念、结构和网络设计等方面为后继的计算机网络打下了基础。

（三）开放式标准化网络

经过 20 世纪 60 年代和 70 年代前期的发展，人们对组网的技术、方法和理论的研究日趋成熟，各大公司纷纷制定自己的网络技术标准以促进网络产品的开发，如 IBM 公司的 SNA、DEC 公司的 DNA 和 UNIVAC 公司的分布式通信体系结构。但是这些网络结构都自成体系，难以互连，为此，国际标准化组织（ISO）的 TC97 信息处理系统技术委员会 SC16 分技术委员会开始着手制定开放式系统互连参考模型（OSI/RM）。OSI 制定了互连的计算机系统之间的通信协议和系统的体系结构，开创了一个具有统一的网络结构、遵循国际标准化协议的计算机网络新时代。OSI 标准不仅确保了各厂商生产的计算机互连，同时也极大地促进了计算机网络的发展。

（四）计算机局域网络

20 世纪 80 年代初期出现了微型计算机系统。它的出现对社会的发展产生了深刻的影响。Xerox 公司发明了以太网，以太网与微型计算机的结合使计算机局域网得到了快速的发展。1992 年 2 月，IEEE802 委员会制定了局域网标准，加快了局域网的发展速度。

（五）国际互联网

1985 年，美国 NSF 接收 ARPAnet 分离出来的民用部分，并将其建成用于科研和教育的骨干网络 NSFNet。1991 年，IBM，MCI 和 Merit 公司在 NSF 的推动下，成立了一个非营利的 ANS（Advanced Network Services）公司。1992 年，ANS 公司建立了新的主干网 ANSnet，即现在的 Internet 主干网，传输速率达到 T3（44.736Mbit/s）。同年，Internet 学会成立，并将 Internet 定义为"组织松散的、独立的国际合作互联网络"。20 世纪 90 年代后期，Internet 以惊人的速度高速发展，网上的资源、联网主机数、上网人数以及网络信息量每年都在成倍地增长。

第二节 计算机网络的分类

计算机网络可以按照多种方式进行分类，不同的方式其分类结果有所不同。

一、按网络地理范围分

按照网络覆盖的地理范围进行分类，一般可以将计算机网络分成局域网、广域网和城域网三类。

（1）局域网。局域网（Local Area Network，LAN）即局部网络的简称，是一个覆盖范围比较小的网络。通常分布在一栋大楼或者相距不远的几个建筑物内，也可能分布在一个校园或者一个企业内。这种网络通常具有以下几个特点：

①地理覆盖范围的直径在几公里之内；
②信息的传播一般采用广播方式；
③信息传输速率较高；
④网络归一个单位所有。

（2）广域网。广域网（Wide Area Network，WAN）是一个分布范围比较大的网络。这种网络的覆盖范围从几公里到上万公里。在广域网中，由于要进行远距离数据传输，因此一般由电信部门提供远程信息交换的手段。而且由于接入广域网的计算机可能是由各自单位拥有的，所以广域网一般归多用户共有。综上所述，广域网有以下的特征：

①地理覆盖范围大；

②信息传输速率低；

③信息采用点到点的方式；

④网络属于多个单位。

（3）城域网。城域网（Metropolitan Area Network，MAN）即城市网络，从地理范围看介于局域网和广域网之间，但它采用的是局域网技术，其目标是在一个比较大的范围内提供数据、声音和图像的集成服务。它的信息传输速率较高，一般在 1Mbit/s 以上。

二、按照数据交换类型分

数据交换是指确定通信双方交换数据的传输路径和传输格式的技术，常用的交换技术包括电路交换、报文交换以及分组交换等。

电路交换技术用于早期的模拟信号传输，其最主要的特点是必须建立物理线路；报文交换是指数据以报文为单位传输，其特点是存储转发；分组交换是报文交换的一种，将不定长度的报文变成定长的分组，也是采用存储转发技术。

三、按网络拓扑结构分

网络拓扑结构是指网络中各节点相互连接的方式。按照拓扑结构的不同，网络包括总线型网络、星型网络、树型网络、环型网络、混合型网络等。

四、按网络使用者分

网络按照使用者分可以划分为公用网和专用网。公用网是指由电信、大型网络公司建造的大型网络，用户按规定缴纳费用就可以使用；专用网是指为了某一个单位的特殊业务而建造的网络，这种网络只供本单位使用而不向其他单位提供。

五、按照传输介质分

传输介质是指网络之间进行数据传输的物理媒体。常用的介质包括无线与有线两类，因此网络也可以分为有线网与无线网。

六、按照网络功能分

网络按照功能可以分为资源子网和通信子网。资源子网主要负责网络的信息处理，为网络用户提供网络服务和资源共享功能；而通信子网主要负责网络的数据通信和资源传输，为用户提供数据传输、加工和变换等通信工作。

除此以外，还有一些按照网络协议、信道、传输信号特点划分网络的方法，这里不再列举。

第三节 计算机网络的功能与应用

一、计算机网络的功能

计算机网络自 20 世纪 60 年代末诞生以来，经过多年时间，以异常迅猛的速度发展起来，被越来越广泛地应用于政治、经济、军事、生产及科学技术等各个领域。计算机网络的主要功能包括如下几个方面。

（一）数据通信

数据通信是计算机网络的最基本的功能，也是实现其他功能的基础，如电子邮件、传真、远程数据交换等。

（二）资源共享

在计算机网络中，有许宝贵的资源，如大型数据库、巨型计算机等，并非为每一用户所拥有，因此必须实行资源共享。资源共享包括硬件资源的共享，如打印机、大容量磁盘等；也包括软件资源的共享，如程序、数据等。资源共享的结果是避免重复投资和劳动，从而提高了资源的利用率，使系统的整体性能价格比得到改善。

（三）增加可靠性

在一个系统内，单个部件或计算机的暂时失效必须通过替换资源的办法来维持系统继续运行。但在计算机网络中，每种资源（尤其是程序和数据）可以存放在多个地点，而用户可以通过多种途径来访问网络内的某个资源，从而避免了单点失效对用户产生的影响。

（四）提高系统处理能力

单机的处理能力是有限的，且由于种种原因（如时差），计算机之间的忙闲程度是不均匀的。从理论上讲，在同一网络内的多台计算机可通过协同操作和并行处理来提高整个系统的处理能力，并使网络内各计算机负载均衡。

二、计算机网络的应用

由于计算机网络具备上述功能，所以得到了广泛的应用。

（一）网络在社会生活中的应用

当前网络在社会生活中的应用无处不在，典型应用包括远程访问、个人娱乐以及个人通信。如远程订票、网游、电子邮件等，都是网络在社会生活中的具体应用。

（二）网络在企业中的应用

计算机网络在企业中的应用包罗万象，如电子商务、办公自动化、证券及期货交易等，如在军事指挥系统中的计算机网络，可以使遍布在十分辽阔地域范围内的各计算机协同工作，对任何可疑的目标信息进行处理，及时发出警报，从而使最高决策机构采取有效措施。在计算机网络的支持下，医生将可以联合看病：医疗设备技术人员、护士及各科医生同时给一个病人治疗；医务人员和医疗专家系统互为补充，以弥补医生在知识和医术方面的不足；各种电视会议可以使医生在遇到疑难病症时及时得到其他医生的现场指导。伦敦的心脏病专家可以观察到旧金山进行的手术，并对进行手术的医生提出必要的建议。

在计算机网络的支持下，科学家将组成各个领域的研究圈。以前科学家进行学术交流主要是通过国际会议和专业期刊，效率相对较低。现在信息技术使世界各地的科学家频繁、方便地参加电视会议，并在网络上发表最新的思想和研究成果。

随着网络的不断发展，计算机网络作为信息收集、存储、传输、处理和利用的整体系统，将在信息社会中得到更加广泛地应用。各种网络应用将层出不穷，并将逐渐深入到社会的各个领域及人们的日常生活当中，改变着人们的工作、学习和生活乃至思维方式。

第四节　计算机网络的结构

为研究计算机网络，需要对网络的结构进行深入的研究。由于计算机网络是一个复杂的系统，所以可以从多个方面对网络进行结构和特性的分析，其中主要集中在拓扑结构、功能结构以及体系结构三个方面。

一、计算机网络的拓扑结构

（一）网络拓扑的概念

拓扑学是几何学的一个分支，它研究的是与大小、形状无关的点、线、面的特性，对应于计算机网络，则是将网络中的计算机映射成点、通信介质映射成线，将网络映射成这些点与线构成的几何图形，便是计算机网络的拓扑结构。

研究计算机网络的拓扑结构，可使我们从全局上研究网络中网点的分布、通信线路的走向、各线路上信息的流量及线路应有的容量、传输信息的速率和传输延时以及网络的可靠性等。

在网络拓扑结构中的点叫节点。网络中具有独立地位的能存储、处理和转发信息的设备称为节点。节点分为两种类型即访问节点和转接节点。访问节点是指能为网络提供资源并为用户所使用的节点；而进行信息存储、处理与转发的节点就称为转接节点。

在网络拓扑结构中连接相邻两个节点并在节点间传送信息的线路就叫链路。链路包括物理链路和逻辑链路两种。物理链路是指两节点间的物理通信线路，而逻辑链路是指节点间经过数据传输控制而形成的逻辑连接。

网络中的通路是指由发出信息的节点，经过一系列的链路和节点而到达接收节点的一串节点和链路所组成的信息传输路径，也称为路径。信息从一个节点传到另一个节点就称为经过一跳。

（二）总线型拓扑结构

总线型拓扑结构采用单根传输线作为传输介质，所有站点都通过相应的硬件接口直接连接到传输介质，即总线上。任一站的发送信号可以沿着介质传播而且能被所有的其他站点接收。因为所有的节点共享一条传输线路，所以一次只能由一个设备传输，需要专门的访问控制策略，来决定下一次哪个站点可以发送。

总线型拓扑结构的优点：电缆长度短、布线容易。因为所有的站点连接到一个公共数据通路，所以只需很短的电缆长度，减少了安装费用，易于布线和维护。可靠性高。总线结构简单，又是无源元件，从硬件的观点看，十分可靠。易于扩展。增加新的站点，只需在总线的任何点将其接入，如需增加长度，可通过中继器延长一段即可。

总线型拓扑结构的缺点是：故障诊断困难。虽然总线拓扑简单，可靠性高，但故障检测却不容易，故障检测需在网络上各个站点进行。同时检测出故障后，隔离比较困难。一旦检查出某个站点有错误，要从总线上去掉，总线需做改动。因此终端必须是智能的，从而增加了对站点的硬件和软件要求。

（三）星型拓扑结构

星型拓扑结构是由中央节点和分别与之相连的各站点组成。中央节点执行集中式通信控制策略，而各个节点的通信处理负担都很小。一旦通过中央节点建立了连接，两个站之间可以传递数据。目前，中央节点多采用集线器、交换机等，也可以采用计算机。星型拓扑结构是现在应用最多的拓扑结构。

星型拓扑结构的优点：访问协议简单，方便服务。在星型网中，任何一个连接只涉及中央节点和一个站点，因此，控制介质访问的方法很简单，而访问协议也十分简单。只要中央节点有冗余的接口，就可方便地提供网络服务和重新配置。其次这种拓扑结构便于故障诊断与隔离。每个站点直接连到中央节点，因此故障容易检测，单个连接的故障只影响一个设备，可很方便地将有故障的站点从系统中删除，不会影响全网。同时这种拓扑结构利于集中控制，只要控制中央节点，即可对其他节点的通信实施控制。

星型拓扑结构的缺点：过分依赖于中央节点。如果中央节点产生故障，则全网不能工作，所以对中央节点的可靠性和冗余度要求很高。另外需安装较多的电缆，因为每个站点直接和中央节点相连，因此这种拓扑结构需要大量电缆，维护、安装等一系列问题会随之产生，增加的费用较大。

（四）环型拓扑结构

环型拓扑结构是用一条传输线路将一系列的节点连成一个封闭的环，由一些中继器和连接中继器的点到点链路组成一个闭合环。每个节点接收上一个节点送来的信息，经过相应处理后再送往下一个节点，直到到达目的节点。这种链路是单向的，只能在一个方向上传输数据，而且所有的链路都按同一方向传输。

环型拓扑结构的优点：电缆长度短。环型拓扑结构所需电缆长度和总线型拓扑结构相似，比星型拓扑结构要短得多。另外这种拓扑结构适用于光纤。光纤传输具有速度高、电磁隔离的特点，适合于点到点的单向传输，环型拓扑结构是单方向传输，十分适用于光纤传输介质。

环型拓扑结构的缺点：节点故障会引起全网故障。在环上数据传输是通过环上的每一个站点来完成，如果某一站点出故障会引起全网故障。其次是诊断故障困难。因为某一节点故障会使全网不工作，因此难于诊断故障，需要对每个节点进行检测。同时网络重新配置不灵活。要扩充环的配置较困难，同样要一部分已接入网的站点下网处理也不容易。

（五）树型拓扑结构

树型拓扑结构是从星型拓扑结构延伸形成的，其形状像一棵倒置的树，顶端有一个带分支的根，每个分支还可延伸出子分支。目前，分支节点多采用集线器和交换机。

当通信的两个节点直接连在同一分支节点时，数据通过分支节点直接传输；当通信的两个节点不直接连接在同一个分支节点时，通信数据要一直上传到双方共有的某一层分支节点。这样，降低了通信对上层节点的依赖性，充分利用了传输资源。

树型拓扑结构的优点：易于扩展。从本质上看这种结构可以延伸出很多分支和子分支，因此新的节点和新的分支易于加入网内。其次是故障隔离容易，如果某一分支的节点或线路发生故障，很容易将这分支和整个系统隔离开来。

树型拓扑结构的缺点是对分支节点的依赖性较大，如果分支节点发生故障，其以下的部分将不能通过其进行通信。

（六）研究网络拓扑结构的目的

在设计一个网络时，首先要在整体上对网络进行规划。根据应用的需要、网络覆盖范围内的地理条件、投入资金以及提供的通信手段等在整体上对网络进行整体设计。在这个过程中要先确定网络拓扑结构，再进一步根据应用需求及采用的技术而完善选择的结构。所选择的网络拓扑结构要有良好的性价比。

（1）网络应保证系统的响应时间。不同的应用要求的响应时间不一，但总的要求是希望响应时间越短越好。响应时间与所经过的路径长度和节点数有关，特别是各节点排队等待时间与处理时间有关、与途经的各链路的容量有关。因此，可根据所设计的网络拓扑结构计算各链路的延时并提出对各链路容量的要求，以满足对响应时间的要求，以使系统响应时间符合用户的要求。

（2）要求网络具有较好的可靠性。在计算机网络中，某些节点或链路出现故障将会破坏整个网络系统正常的工作。为了使这些影响减至最低，因而要求网络具有较好的可靠性。

（3）要求网络具有较低成本。在进行网络设计时必须结合用户要求，在保证响应时间和可靠性的基础上使网络的成本最低。

二、网络的功能结构

（一）通信子网和资源子网

在计算机网络的功能中有两个最主要的功能，即共享资源和数据通信的功能。按照这两个功能，将网络分成实现通信功能的通信子网以及实现资源共享的资源子网。

通信子网由通信处理节点（CCP）和连接它们的物理线路及设备组成，它是计算机网络的内核，承担着数据的传输、转接和通信处理的功能，包括传输介质、数据转接设备和通信处理机以及相应的软件。通信子网中的线路大都是干线线路，线路容量大，传输速度快。如果通信子网提供给公共用户使用，它就是计算机公共通信网。

资源子网的主体是主机，还包括其他的终端设备，如终端、外设等，以及各种软件资源和数据库。它负责全网的信息处理，为网络用户提供网络服务和资源共享功能。

将网络划分为资源子网和通信子网，便于对网络进行研究和设计，资源子网和通信子网可以单独规划，但是两种子网的连接必须满足以下几点要求：

（1）当主机发生故障时，应不影响通信子网的工作；反之，通信子网某些节点发生故障时，也不影响主机的工作；

（2）主机与通信子网的连接不应该耗费过多的资源和时间，否则就失去了建立通信子网的意义；

（3）两者分工后应利于全网整体效益的发挥。

（二）通信子网的组织形式

按组织形式分，通信子网可以分为结合型、专用型和公用型。

（1）结合型。结合型通信子网没有独立的形态，资源子网和通信子网结合在一起，网络中各节点的通信功能和信息处理功能通常由一台计算机担任。在小规模网络中常采用这种形式。

（2）专用型。专用型通信子网一般仅供单一资源系统使用，往往是一个通信子网对应一个资源子网，专用网络常属于这种形式。

（3）公用型。公用型通信子网通常由国家电信部门提供，可供多个用户资源系统使用，即一个通信子网可以连接多个资源子网。这种形式的通信子网投资利用率最高，是计算机网络的最高组织形式。

三、计算机网络的体系结构

计算机网络系统是一个包含大量各种类型的计算机和通信设备的综合系统，它包含并应用了当前最先进的计算机技术和通信技术，成为一个庞大而又复杂的系统。随着计算机网络的发展，人们更加希望各种计算机都能组网，也希望各种网络能实现互联，于是一个开放式的系统便成为计算机用户的迫切需要。为了实现开放性，只有将计算机网络统一在相同的结构之中，有相同的内部结构、相同的功能和相同的实现方法。

在计算机网络发展之初，伴随着一种网络的出现同时提出了网络结构的概念。这种结构是一个逻辑上的包括计算机的硬件和软件在内的计算机网络的构架、组成、各组成部分应完成的服务，以及实现这些服务的原则和方法，并称为体系结构（Architecture）。例如，ARPAnet 有 ARPAnet 体系结构，IBM 公司对于自己的网络提出了系统网络体系结构（System Network Architecture, SNA），数字设备公司提出了自己的数字网络体系结构（Digital Network Architecture, DNA）等。但是各个公司的网络并不能实现互联，为真正实现计算机网络的开放性，国际标准化组织（ISO）的技术委员会于 1980 年提出了开放式系统互联参考模型（Open System Interconnection/Reference Model, OSI/RM）的草案，1982 年则形成了国际标准草案 ISO/DIS7498，1983 年以名为 "开放式系统互联基本参考模型" 文件的形式，正式确定为国际标准，这便是有名的 ISO 7498 文件。

开放式系统互联参考模型将计算机网络中包含的计算机硬件、软件及通信系统从整体上划分成了一种层次结构，并确定了各层之间的关系、功能及实现功能的原则，是为进一步制定详细的网络标准而确定的网络架构。

经过许多国际组织的努力，特别是 ISO 及原 CCITT 等进行的大量工作，在 OSI 参考模型的基础上，进一步制定了各组成部分的服务及实现服务的规则和约定，这些标准包括适用于局域网的 IEEE 802 以及用于因特网的 TCP/IP 体系结构。

IEEE 802 适用于计算机局域网络，是当前常用网络，如以太网的体系标准。TCP/IP可面向用户的应用，因而它能以较简单的方法实现网络互联，成为事实上的网络互联标准。正由于 TCP/IP 的这些特点，使 Internet 发展极为迅速，目前成为覆盖全世界绝大多数国家，包括几百万台机器，拥有上千万用户的全球范围的网络。

第二章　计算机网络前沿理论

第一节　计算机理论中的毕达哥拉斯主义

现代计算机理论源于古希腊毕达哥拉斯主义和柏拉图主义，是毕达哥拉斯数学自然观的产物。计算机结构体现了数学启发性原则。现代计算机模型体现了形式化、抽象性原则。自动机的数学、逻辑理论都是寻求计算机背后的数学核心的结果。

现代计算机理论不仅包含计算机的逻辑设计，还包含后来的自动机理论的总体构想与模型（自动机是一种理想的计算模型，即一种理论计算机，通常它不是指一台实际运作的计算机，但是按照自动机模型，可以制造出实际运作的计算机）。现代计算机理论是高度数字化、逻辑化的。下面我们将对此做些探讨。

一、毕达哥拉斯主义的特点

毕达哥拉斯主义是由毕达哥拉斯学派所创导的数学自然观的代名词。数学自然观的基本理念是"数乃万物之本原"。具体地说，毕达哥拉斯主义者认为："'数学和谐性'是关于宇宙基本结构的知识的本质核心，在我们周围自然界那种富有意义的秩序中，必须从自然规律的数学核心中寻找它的根源。换句话说，在探索自然定律的过程中，'数学和谐性'是有力的启发性原则。"

毕达哥拉斯主义的内核是唯有通过数和形才能把握宇宙的本性。毕达哥拉斯的弟子菲洛劳斯说过："一切可能知道的事物，都具有数，因为没有数而想象或了解任何事物是不可能的。"毕达哥拉斯学派把适合于现象的抽象的数学上的关系，当作事物何以如此的解释，即从自然现象中抽取现象之间和谐的数学关系。"数学和谐性"假说具有重要的方法论意义和价值。因此，"如果和谐的宇宙是由数构成的，那么自然的和谐就是数的和谐，自然的秩序就是数的秩序"。

这种观念令后世科学家不懈地去发现自然现象背后的数量秩序，不仅对自然规律做出定性描述，还做出定量描述，取得了一次次重大的成功。

柏拉图发展了毕达哥拉斯主义的数学自然观。在《蒂迈欧篇》中，柏拉图描述了由几何和谐组成的宇宙图景。他试图表明，科学理论只有建立在数量的几何框架上，才能揭示瞬息万变的现象背后永恒的结构和关系。柏拉图认为自然哲学的首要任务，在于探索隐藏在自然现象背后的可以用数和形来表征的自然规律。

二、现代计算机结构是数学启发性原则的产物

1945 年，题为《关于离散变量自动电子计算机（EDVAC）的报告草案》的报告具体地介绍了制造电子计算机和程序设计的新思想。1946 年 7、8 月间，冯·诺伊曼和赫尔曼·戈德斯汀、亚瑟·勃克斯在 EDVAC 方案的基础上，为普林斯顿大学高级研究所研制 IAS 计算机时，又提出了一个更加完善的设计报告——《电子计算机逻辑设计初探》。以上两份既有理论又有具体设计的报告，首次在世界上掀起了一股"计算机热潮"，它们的综合设计思想标志着现代电子计算机时代的真正开始。

这两份报告确定了现代电子计算机的范式由以下几部分构成：（1）运算器；（2）控制器；（3）存储器；（4）输入设备；（5）输出设备。就计算机逻辑设计上的贡献，第一台计算机 ENIAC 研究小组组织者戈德斯汀曾这样写道："据我所知，冯·诺伊曼是第一个把计算机的本质理解为行使逻辑功能，而电路只是辅助设施的人。他不仅是这样理解的，而且详细精确地研究了这两个方面的作用以及相互的影响。"

计算机逻辑结构的提出与冯·诺伊曼把数学和谐性、逻辑简单性看作一种重要的启发原则是分不开的。在 20 世纪 30—40 年代，香农的信息工程、图灵的理想计算机理论、匈牙利物理学家奥特维对人脑的研究以及麦卡洛克 - 皮茨论文《神经活动中思想内在性的逻辑演算》引发了冯·诺伊曼对信息处理理论的兴趣，他关于计算机的逻辑设计的思想深受麦卡洛克和皮茨的启发。

1943 年《神经活动中思想内在性的逻辑演算》一文发表后，麦卡洛克和皮茨把数学规则应用于大脑信息过程的研究给冯·诺伊曼留下了深刻的印象。该论文用麦卡洛克在早期对精神粒子研究中发展出来的公理规则，以及皮茨从卡尔纳普的逻辑演算和罗素、怀特海《数学原理》发展出来的逻辑框架，表征了神经网络的一种简单的逻辑演算方法。他们的工作使冯·诺伊曼看到了将人脑信息过程数学定律化的潜在可能。"当麦卡洛克和皮茨继续发展他们的思想时，冯·诺伊曼开始沿着自己的方向独立研究，使他们的思想成为其自动机逻辑理论的基础。"

在《控制与信息严格理论》（*Rigorous Theories of Control and Information*）一文的开头部分，冯·诺伊曼讨论了麦卡洛克 - 皮茨《神经活动中思想内在性的逻辑演算》以及图灵在通用计算机上的工作，认为这些想象的机器都是与形式逻辑共存的，也就是说，自动机所能做的都可以用逻辑语言来描述，反之，所有能用逻辑语言严格描述的也可以由自动机来做。他认为麦卡洛克 - 皮茨是用一种简单的数学逻辑模型来讨论人的神经系统，而不是局限于神经元真实的生物与化学性质的复杂性。相反，神经元被当作一个"黑箱"，只研究它们输入、输出讯号的数学规则以及神经元网络结合起来进行运算、学习、存储信息、

执行其他信息的过程任务。冯·诺伊曼认为麦卡洛克-皮茨运用了数学中公理化方法，是对理想细胞而不是真实细胞做出研究，前者比后者更简洁，理想细胞具有真实细胞的最本质特征。

在冯·诺伊曼1945年有关EDVAC的设计方案中，所描述的存储程序计算机便是由麦卡洛克和皮茨设想的"神经元"（neurons）构成，而不是从真空管、继电器或机械开关等常规元件开始。受麦卡洛克和皮茨理想化神经元逻辑设计的启发，冯·诺伊曼设计了一种理想化的开关延迟元件。这种理想化计算元件的使用有以下两个作用：（1）它能使设计者把计算机的逻辑设计与电路设计分开。在ENIAC的设计中，设计者们也提出过逻辑设计的规则，但是这些规则与电路设计规则相互联系、相互纠结。有了这种理想化的计算元件，设计者就能把计算机的纯逻辑要求（如存储和真值函项的要求）与技术状况（材料和元件的物理局限等）所提出的要求区分开来考虑。（2）理想化计算元件的使用也为自动机理论的建立奠定了基础。理想化元件的设计可以借助数理逻辑的严密手段来实现，能够抽象化、理想化。

冯·诺伊曼的朋友兼合作者乌拉姆也曾这样描述他："冯·诺伊曼是不同的。他也有几种十分独特的技巧（很少有人能具有多于三种的技巧）。其中包括线性算子的符号操作。他也有一种对逻辑结构和新数学理论的构架、组合结构的，捉摸不定的'普遍意义下'的感觉。在很久以后，当他变得对自动机的可能性理论感兴趣时，当他着手研究电子计算机的概念和结构时，这些东西派上了用处。"

三、自动机模型中体现的抽象化原则

现代自动机模型也体现了毕达哥拉斯主义的抽象性原则。在《自动机理论：构造、繁殖、齐一性》（*The Theory of Automata：Construction，Reproduction，Homogenenity*）（1952—1953）这部著作中，计算机研究者提出了对自动机的总体设想与模型，一共设想了五种自动机模型：动力模型（kinematic model）、元胞模型（cellular model）、兴奋-阈值-疲劳模型（excitation-threshold-fatigue）、连续模型（continuous model）和概率模型（probabilistic model）。为了后面的分析，我们先简要地介绍这五个模型。

第一个模型是动力模型。动力模型处理运动、接触、定位、融合、切割、几何动力问题，但不考虑力和能量。动力模型最基本的成分是：储存信息的逻辑（开关）元素与记忆（延迟）元素、提供结构稳定性的梁（girder）、感知环境中物体的感觉元素、使物体运动的动力元素、连接和切割元素。这类自动机有八个组成部分：刺激器官、共生器官（coincidence organ）、抑制器官（inhibitory organ）、刺激生产者、刚性成员（rigid members）、融合器官（fusing organ）、切割器官（cutting organ）、肌肉。其中四个部分用来完成逻辑与信息处理过程：刺激器官接收并传输刺激，它分开接受刺激，即实现"p或q"的真值；共生器官实现"p和q"的真值；抑制器官实现"p和q"的真值；刺激生产者提供刺激源。

刚性成员为建构自动机提供刚性框架，它们不传递刺激，可以与同类成员相连接，也可以与非刚性成员相连接，这些连接由融合器官来完成。当这些器官被刺激时，融合器官把它们连接在一起，这些连接可以被切割器官切断。第八个部分是肌肉，用来产生动力。

第二个模型是元胞模型。在该模型中，空间被分解为一个个元胞，每个元胞包含同样的有限自动机。冯·诺伊曼把这些空间称为"晶体规则"（crystalline regularity）、"晶体媒介"（crystalline medium）、"颗粒结构"（granular structure）以及"元胞结构"（cellular structure）。对于自繁殖（self-reproduction）的元胞结构形式，冯·诺伊曼选择了正方形的元胞无限排列形式。每个元胞拥有 29 态有限自动机。每个元胞直接与它的四个相邻元胞以延迟一个单位时间交换信息，它们的活动由转换规则来描述（或控制）。29 态包含 16 个传输态（transmission state）、4 个合流态（confluent state）、1 个非兴奋态、8 个感知态。

第三个模型是兴奋 - 阈值 - 疲劳模型，它建立在元胞模型的基础上。元胞模型的每个元胞拥有 29 态，冯·诺伊曼模拟神经元胞拥有疲劳和阈值机制来构造 29 态自动机，因为疲劳在神经元胞的运作中起了重要的作用。兴奋 - 阈值 - 疲劳模型比元胞模型更接近真正的神经系统。一个理想的兴奋 - 阈值 - 疲劳神经元胞有指定的开始期及不应期。不应期分为两个部分：绝对不应期和相对不应期。如果一个神经元胞不是疲劳的，当激活输入值等于或超过其临界点时，它将变得兴奋。当神经元胞兴奋时，将发生两种状况：（1）在一定的延迟后发出输出信号，不应期开始，神经元胞在绝对不应期内不能变得兴奋；（2）当且仅当激活输入数等于或超过临界点时，神经元胞在相对不应期内可以变得兴奋。当兴奋 - 阈值 - 疲劳神经元胞变得兴奋时，必须记住不应期的时间长度，用这个信息去阻止输入刺激对自身的平常影响。于是这类神经元胞并用开关、延迟输出、内在记忆以及反馈信号来控制输入讯号，这样的装置实际上就是一台有线自动机。

第四个模型是连续模型。连续模型以离散系统开始，以连续系统连续，先发展自繁殖的元胞模型，然后划归为兴奋 - 阈值 - 疲劳模型，最后用非线性偏微分方程来描述它。自繁殖的自动机的设计与这些偏微分方程的边际条件相对应。冯·诺伊曼的连续模型与元胞模型的区别就像模拟计算机与数字计算机的区别一样，模拟计算机是连续系统，而数字计算机是离散系统。

第五个模型是概率模型。研究者们认为自动机在各种态（state）上的转换是概率的而不是决定的。在转换过程有产生错误的概率，发生变异，机器运算的精确性将降低。《概率逻辑与从不可靠组件合成可靠有机体》一文中探讨了概率自动机，探讨了在自动机合成中逻辑错误所起的作用。"对待错误，不是把它当作额外的、由于误导而产生的事故，而是把它当作思考过程中的一个基本部分，在合成计算机中，它的重要性与对正确的逻辑结构的思考一样重要。"

从以上自动机理论中可以看出，冯·诺伊曼对自动机的研究是从逻辑和统计数学的角度切入，而非心理学和生理学。他既关注自动机构造问题，也关注逻辑问题，始终把心理学、生理学与现代逻辑学相结合，注重理论的形式化与抽象化。《自动机理论：构造、繁殖、齐一性》开头第一句话就这样写道："自动机的形式化研究是逻辑学、信息论以及心理学研究的课题。单独从以上某个领域来看都不是完整的。所以要形成正确的自动机理论必须从以上三个学科领域吸收其思想观念。"他对自然自动机和人工自动机运行的研究，都为自动机理论的形式化、抽象化部分提供了经验素材。

冯·诺伊曼在提出动力学模型后，对这个模型并不满意，因为该模型仍然是以具体的原材料的吸收为前提，这使详细阐明元件的组装规则、自动机与环境之间的相互作用以及机器运动的很多精确的简单规则变得非常困难。这让冯·诺伊曼感到，该模型没有把过程的逻辑形式和过程的物质结构很好地区分开来。作为一个数学家，冯·诺伊曼想要的是完全形式化的抽象理论，他与著名的数学家乌拉姆探讨了这些问题。乌拉姆建议他从元胞的角度来考虑。冯·诺伊曼接受了乌拉姆的建议，于是建立了元胞自动机模型。该模型既简单抽象，又可以进行数学分析，很符合冯·诺伊曼的意愿。

冯·诺伊曼是第一个把注意力从研究计算机、自动机的机械制造转移到逻辑形式上的计算机专家，他用数学和逻辑的方法揭示了生命的本质方面——自繁殖机制。在元胞自动机理论中，他还研究了自繁殖的逻辑，并天才地预见到，自繁殖自动机的逻辑结构在活细胞中也存在，这都体现了毕达哥拉斯主义的数学理性。冯·诺伊曼最先把图灵通用计算机概念扩展到自繁殖自动机，他的元胞自动机模型，把活的有机体设想为自繁殖网络并第一次提出为其建立数学模型，也体现了毕达哥拉斯主义通过数和形来把握事物特征的思想。

四、自动机背后的数学和谐性追求

自动机的研究工作基于古老的毕达哥拉斯主义的信念——追求数学和谐性。冯·诺伊曼在早期的计算机逻辑和程序设计的工作中，就认识到数理逻辑将在新的自动机理论中起着非常重要的作用，即自动机需要恰当的数学理论。他在研究自动机理论时，注意到了数理逻辑与自动机之间的联系。从上面关于自动机理论的介绍中可以看出，他的第一个自繁殖模型是离散的，后来又提出了一个连续模型和概率模型。从自动机背后的数学理论中可以看出，讨论重点是从离散数学逐渐转移到连续数学，在讨论了数理逻辑之后，转而讨论了概率逻辑，这都体现了研究者对自动机背后数学和谐性的追求。

在冯·诺伊曼撰写关于自动机理论时，他对数理逻辑与自动机的紧密关系已非常了解。库尔特·哥德尔通过表明逻辑的最基本的概念（如合式公式、公理、推理规则、证明）在本质上是递归的，他把数理逻辑还原为计算理论，认为递归函数是能在图灵机上进行计算的函数，所以可以从自动机的角度来看待数理逻辑。反过来，数理逻辑亦可用于自动机的分析和综合。自动机的逻辑结构能用理想的开关-延迟元件来表示，然后翻译成逻辑符号。不过，冯·诺伊曼意识到，自动机的数学与逻辑的数学在形式特点上是有所不同的。他认为现存的数理逻辑虽然有用，但对于自动机理论来说是不够的。他相信一种新的自动机逻辑理论将兴起，与概率理论、热力学和信息理论非常类似并有着紧密的联系。

20 世纪 40 年代晚期，冯·诺伊曼在美国加州帕萨迪纳的海克森研讨班上做了一系列演讲，演讲的题目是《自动机的一般逻辑理论》。这些演讲对自动机数学逻辑理论做了探讨。在 1948 年 9 月的专题研讨会上，冯·诺伊曼在宣读《自动机的一般逻辑理论》时说道："请大家原谅我出现在这里，因为我对这次会议的大部分领域来说是外行。甚至在有些经验的领域——自动机的逻辑与结构领域，我的关注也只是在一个方面——数学方面。我将要说的也只限于此。我或许可以给你们一些关于这些问题的数学方法。"

冯·诺伊曼认为在目前还没有真正拥有自动机理论，即恰当的数理逻辑理论。他对自动机的数学与现存的逻辑学做出了比较，并提出了自动机新逻辑理论的特点，指出了缺乏恰当数学理论所造成的后果。

（一）自动机数学中使用分析数学方法，而形式逻辑是组合的

自动机数学中使用分析数学方法有方法论上的优点，而形式逻辑是组合的。"搞形式逻辑的人谁都会确认，从技术上讲，形式逻辑是数学上最难驾驭的部分之一。其原因在于，它处理严格的全有或全无概念，它与实数或复数的连续性概念没有什么联系，即与数学分析没有什么联系。而从技术上讲，分析是数学最成功、最精致的部分。因此，形式逻辑由于它的研究方法与数学的最成功部分的方法不同，因而只能成为数学领域的最难的部分，只能是组合的。"

冯·诺伊曼指出，比起过去和现在的形式逻辑（指数理逻辑）来说，自动机数学的全有或全无性质很弱。它们组合性极少，分析性却较多。事实上，有大量迹象可使我们相信，这种新的形式逻辑系统（按：包含非经典逻辑的意味）接近别的学科，这个学科过去与逻辑少有联系。也就是说，具有玻尔兹曼所提出的那种形式的热力学，它在某些方面非常接近于控制和测试信息的理论物理学部分，多半是分析的，而不是组合的。

（二）自动机逻辑理论是概率的，而数理逻辑是确定性的

冯·诺伊曼认为，在自动机理论中，有一个必须要解决好的主要问题，就是如何处理自动机出现故障的概率的问题，该问题是不能用通常的逻辑方法解决的，因为数理逻辑只能进行理想化的开关-延迟元件的确定性运算，而没有处理自动机故障的概率的逻辑。因此，在对自动机进行逻辑设计时，仅用数理逻辑是不够的，还必须使用概率逻辑，把概率逻辑作为自动机运算的重要部分。冯·诺伊曼还认为，在研究自动机的功能上，必须注意形式逻辑以前从没有出现的状况。既然自动机逻辑中包含故障出现的概率，那么我们就应该考虑运算量的大小。数理逻辑通常考虑的是，是不是能借助自动机在有穷步骤内完成运算，而不考虑运算量有多大。但是，从自动机出现故障的实际情况来看，运算步骤越多，出现故障（或错误）的概率就越大。因此，在计算机的实际应用中，我们必须要关注计算量的大小。在冯·诺伊曼看来，计算量的理论和计算出错的可能性既涉及连续数学，又涉及离

散数学。

"就整个现代逻辑而言，唯一重要的是一个结果是否在有限几个基本步骤内得到。而另一方面形式逻辑不关心这些步骤有多少。无论步骤数是大还是小，它不可能在有限的时间内完成，或在我们知道的星球宇宙设定的时间内不能完成，也没什么影响。在处理自动机时，这个状况必须做有意义的修改。"

就一台自动机而言，不仅在有限步骤内要达到特定的结果，而且还要知道这样的步骤需要多少步，这有两个原因：第一，自动机被制造是为了在某些提前安排的区间里达到某些结果；第二，每个单独运算中，采用的元件的大小都有失败的可能性，而不是零概率。在比较长的运算链中，个体失败的概率加起来可以（如果不检测）达到一个单位量级——在这个量级点上它得到的结果完全不可靠。这里涉及的概率水平十分低，而且在一般技术经验领域内排除它也并不是遥不可及。如果一台高速计算机器处理一类运算，必须完成 10^{12} 单个运算，那么可以接受的单个运算错误的概率必须小于 10^{-12}。如果每个单个运算的失败概率是 10^{-8} 量级，当前认为是可接受的，如果是 10^{-9} 就非常好。高速计算机器要求的可靠性更高，但实际可达到的可靠性与上面提及的最低要求相差甚远。

也就是说，自动机的逻辑在两个方面与现有的形式逻辑系统不同：

（1）"推理链"的实际长度，也就是说，要考虑运算的链。

（2）逻辑运算（三段论、合取、析取、否定等在自动机的术语里分别是门、共存、反-共存、中断等行为）必须被看作容纳低概率错误（功能障碍）而不是零概率错误的过程。

所有这些，重新强调了前面所指的结论：我们需要一个详细的、高度数字化的、更典型、更具有分析性的自动机与信息理论。缺乏自动机逻辑理论是一个限制我们的重要因素。如果我们没有先进而且恰当的自动机和信息理论，我们就不可能建造出比我们现在熟知的自动机具有更高复杂性的机器，就不太可能产生更具有精确性的自动机。

以上是冯·诺伊曼对现代自动机理论数学、逻辑理论方法的探讨。他用数学和逻辑形式的方法揭示了自动机最本质的方面，为计算机科学特别是自动机理论奠定了数学、逻辑基础。总之，冯·诺伊曼对自动机数学的分析开始于数理逻辑，并逐渐转向分析数学，转向概率论，最后讨论了热力学。通过这种分析建立的自动机理论，能使我们掌握复杂自动机的特征，特别是人的神经系统的特征。数学推理是由人的神经系统实施的，而数学推理借以进行的"初始"语言类似于自动机的初始语言。因此，自动机理论将影响逻辑和数学的基本概念，这是很有可能的。冯·诺伊曼说："我希望，对神经系统所做的更深入的数学研讨……将会影响我们对数学自身各个方面的理解。事实上，它将会改变我们对数学和逻辑学的固有的看法。"

现代计算机的逻辑结构以及自动机理论中对数学、逻辑的种种探讨，都是最求计算机背后的数学核心的顽强努力。数学启发性原则以及逻辑简单性、形式化、抽象化原则都在计算机研究中得到了充分的应用，这都体现了毕达哥拉斯主义数学自然观的影响。

第二节　计算机软件的应用理论

随着时代的进步，科技的革新，我国在计算机领域已经取得了很大的成就，计算机网络技术的应用给人类社会的发展带来了巨大的革新，加速了现代化社会的构建速度。本节就"关于计算机软件的应用理论探讨"这一话题展开了深入的探讨，详细阐述了计算机软件的应用理论，以此来强化我国计算机领域的技术人员对计算机软件工程项目创新与完善工作的重视程度，使我国计算机领域可以正确对待关于计算机软件的应用理论研究探讨工作，从根本上掌握计算机软件的应用理论，进而增强专家学者对计算机软件应用理论的掌握程度，研究出新的计算机软件技术。

一、计算机软件工程

当今世界是一个趋于信息化发展的时代，计算机网络技术的不断进步在很大程度上影响着人类的生活。计算机在未来的发展中将会更加趋于智能化发展，智能化社会的构建将会给人们带来很多新的体验。而计算机软件工程作为计算机技术中比较重要的一个环节，肩负着重大的技术革新使命，目前，计算机软件工程技术已经在我国的诸多领域中得到了应用，并发挥了巨大的作用，该技术工程的社会效益和经济效益的不断提高将会从根本上促进我国总体的经济发展水平的提升。总的来说，我国之所以要开展计算机软件工程管理项目，其根本原因在于给计算机软件工程的发展提供一个更为坚固的保障。计算机软件工程的管理工作同社会上的其他项目管理工作具有较大的差别，一般的项目工程的管理工作的执行对管理人员的专业技术要求并不高，难度也处于中等水平。但计算机软件工程项目的管理工作对项目管理的相关工作人员的职业素养要求十分高，管理人员必须具备较强的计算机软件技术，能够在软件管理工作中完成一些难度较大的工作，进而维护计算机软件工程项目的正常运行。为了能够更好地帮助管理人员学习计算机软件相关知识，企业应当为管理人员开设相应的计算机软件应用理论课程，从而使其可以全方位地了解到计算机软件的相关知识。计算机软件应用理论是计算机的一个学科分系，其主要是为了帮助人们更好地了解计算机软件的产生以及用途，从而方便人们对于计算机软件的使用。在计算机软件应用理论中，计算机软件被分为了两类，其一为系统软件，第二则为应用软件。系统软件顾名思义是由系统、系统相关的插件以及驱动等组成的。例如在我们生活中所常用的Windows7、Windows8、Windows10、Linux 系统、Unix 系统等均属于系统软件的范畴，此外我们在手机中所使用的塞班系统、Android 系统以及 iOS 系统等也属于系统软件，甚至华为公司所研发的鸿蒙系统也是系统软件之一。在系统软件中不但包含诸多的电脑系统、手机系统，同时还有一些插件。例如，我们常听说的某某系统的汉化包、扩展包等也是属于系统软件的范畴。同时，一些电脑中以及手机中所使用的驱动程序也是系统软件之一。例如，电脑中用于显示的显卡驱动、用于发声的声卡驱动和用于连接以太网、Wi-Fi 的网卡驱动等。而应用软件则可以理解为除了系统软件以外的软件。

二、计算机软件开发现状分析

虽然，随着信息化时代的到来，我国出现出了许多的计算机软件工程相应的专业性人才，然而目前我国的计算机软件开发仍具有许多的问题。例如缺乏需求分析、没有较好地完成可行性分析等。下面，将对计算机软件开发现状进行详细分析。

（一）没有确切明白用户需求

首先，在计算机软件开发过程中最为严重的问题就是没有确切明白用户的需求。在进行计算机软件的编译过程中，我们所采用的方式一般都是面向对象进行编程，从字面意思中我们可以明确地了解到用户的需求将对软件所开发的功能起到决定性的作用。同时，在进行软件开发前，我们也需要针对软件的功能等进行需求分析文档的建立。在这其中，我们需要考虑到本款软件是否需要开发，以及在开发软件的过程中我们需要制作怎样的功能，而这一切都取决于用户的需求。只有可以满足用户的一切需求的软件才是真正意义上的优质软件。而若是没有确切明白用户的需求就进行盲目开发，那么在对软件的功能进行设计时将会出现一定的重复、不合理等现象。同时经过精心制作的软件也由于没有满足用户的需求而不会得到大众的认可。因此，在进行软件设计时，确切明白用户的需求是十分必要的。

（二）缺乏核心技术

其次，在现阶段的软件开发过程中还存在有缺乏核心技术的现象。与西方一些发达国家相比，我国的计算机领域研究开展较晚，一些核心技术也较为落后。并且，我国的大部分编程人员所使用的编程软件的源代码也都是西方国家所有。甚至开发人员的环境都是在美国微软公司所研发的 Windows 系统以及芬兰人所共享的 Linux 系统中进行的。因此，我国的软件开发过程中存在着极为严重的缺乏核心技术的问题。这不但会导致我国开发出的一些软件在质量上与国外的软件存在着一定的差异，同时也会使我国研发的软件缺少一定的创新性。这同时也是我国研发的软件时常会出现更新以及修复补丁现象的原因所在。

（三）没有合理地制定软件开发进度与预算

再次，我国的软件开发现状还存在没有合理地制定软件开发进度与预算的问题。在上文中，我们曾提到在进行软件设计、开发前，我们首先需要做好相应的需求分析文档。在做好需求分析文档的同时，我们还需要制作相应的可行性分析文档。在可行性分析文档中，我们需要详细地规划出软件设计所需的时间以及预算，并制定相应的软件开发进度。在制作完成可行性分析文档后，软件开发的相关人员需要严格地按照文档中的规划进行开发，否则将会对用户的使用以及国家研发资金的投入造成严重的影响。

（四）没有良好的软件开发团队

同时，在我国的计算机软件开发现状中还存在没有良好的软件开发团队的问题。在进行软件开发时，需要详细地设计计算机软件的前端、后台以及数据库等相关方面。并且在进行前端的设计过程中也需要划分美工的设计、排版的设计以及内容和与数据库连接的设计。在后台中同时也需要区分数据库连接、前端连接以及各类功能算法的实现和各类事件响应的生成。因此，在软件的开发过程中拥有一个良好的软件研发团队是极为必要的。这不但可以有效地帮助软件开发人员减少软件开发的时间，同时也可以有效地提高软件的质量，使其更加符合用户的需求。而我国的软件开发现状中就存在没有良好的软件开发团队的问题。这个问题主要是由于在我国的软件开发团队中，许多的技术人员缺乏高端软件的开发经验，同时许多的技术人员都具有相同的擅长之处。这都是造成这一问题的主要原因。同时，技术人员缺乏一定的创新性也是造成我国缺少良好的软件开发团队的主要原因之一。

（五）没有重视产品调试与宣传

在我国的软件开发现状中还存在没有重视产品的调试与宣传的问题。在上文中，曾提到在进行软件开发工作前，我们首先需要制作可行性分析文档以及需求分析文档。在完成相应的软件开发后，我们同样需要完成软件测试文档的制作，并在文档中详细地记录在软件调试环节所使用的软件测试方法以及进行测试功能与结果。在软件测试中大致使用的方式有白盒测试以及黑盒测试，通过这两种测试方式，我们可以详细地了解到软件中的各项功能是否可以正常运行。此外，在完成软件测试文档后，我们还需要对所开发的软件进行宣传，从而使软件可以被众人了解，从而充分地发挥出本软件的作用。而在我国的软件开发现状中，许多的软件开发者只注重了软件开发的过程而忽略了软件开发的测试阶段以及宣传阶段。这将会导致软件出现一定的功能性问题，例如一些功能由于逻辑错误等无法正常使用，或是其他的一些问题。忽略了宣传阶段，则会导致软件无法被大众了解、使用，这将会导致软件开发失去了其目的，从而造成一些科研资源以及人力资源的浪费。

三、计算机软件开发技术的应用研究

我国计算机软件开发技术主要体现在 Internet 的应用和网络通信的应用两方面。互联网技术的不断成熟，使我国通信技术已经打破了时间、空间的限制，实现了现代化信息共享单位服务平台，互联网技术的迅速发展密切了世界各国之间的联系，使我国同其他国家的直接联系变得更加密切，加速了构建"地球村"的现代化步伐。与此同时，网络通信技术的发展也离不开计算机软件技术，计算机软件技术的不断深入发展给通信领域带来了巨大的革新，将通信领域中的信息设备引入计算机软件开发的工程作业中可以促进信息化时代数字化发展，从根本上加速我国整体行业领域的发展速度。相信，不久之后我国的计算机软件技术将会发展得越来越好，并逐渐向着网络化、智能化、融合化方向靠拢。

就上文所述，可以看到当下我国计算机技术已经取得了突破性的进展。在这种社会背景之下，计算机软件的种类在不断增加，多样化的计算机软件可以满足人类社会生活中的各种生活需求，使人类社会生活能够不断趋于现代化社会发展。为了能够从根本上满足我国计算机软件工程发展中的需求，给计算机软件工程的进一步发展提供有效发展空间，当下我国必须加大对计算机软件工程项目的重视，鼓励从事计算机软件工程项目研究的技术人员不断完善自身对计算机软件的应用理论知识的掌握程度，在其内部制定出有效的管理体制，进而从根本上提高计算机软件工程项目运行的质量水平，为计算机技术领域的发展做铺垫。

第三节　计算机辅助教学理论

计算机辅助教学有利于教育改革和创新，促进了我国教育事业的发展。本节主要分析了计算机辅助教学的概念、计算机辅助教学的实践内容、计算机辅助教学对于实际教学的影响。希望对今后研究计算机辅助教学有一定的借鉴作用和影响。

计算机辅助教学的概念从狭义的角度来理解，就是在课堂上老师利用计算机的教学软件来对课堂内容进行设计，而学生通过老师设计的软件内容来对相关的知识进行学习。也可以理解为计算机辅助或者取代老师对学生进行知识的传授以及相关知识的训练。同时也可以定义计算机辅助教学是利用教学软件把课堂上讲解的内容和计算机进行结合，把相关的内容用编程的方式输入给计算机，这样一来，学生在对相关的知识内容进行学习的时候，可以采用和计算机互动的方式来进行学习。老师利用计算机丰富了课堂上的教学方式，为学生创造了一个更加丰富的教学氛围，在这种氛围下，学生可以通过计算机间接地与老师进行交流。我们可以理解为，计算机辅助教学是用演示的方式来进行教学，但是演示并不是计算机辅助教学的全部特点。

一、计算机辅助教学的实践内容

（一）计算机辅助教学的具体方式

在我们国家，一般学校主要采用的一种课堂教学形式就是老师面向学生进行教学。这种教学的形式已经存在了很多年，它有它存在的价值和意义。因为在老师教育学生的过程中，老师和学生的互相交流是非常重要的，学生和学生之间的互相学习也必不可少，这种人与人之间情感上的影响和互动是计算机无法取代的，所以计算机只能成为一个辅助的角色来为这种教学形式进行服务。计算机辅助教学是可以帮助课堂教学提升教学质量的，但是计算机辅助教学不一定要仅仅体现在课堂上。我们都知道老师给学生传授知识的过程分为，学生预习，老师备课，最后是课堂传授知识。在这个过程中，计算机辅助教学完全可以针对这个过程的单个环节来进行服务和帮助，例如在老师进行备课的这个环节，计算机完全可以提供一些专门的备课软件以及系统，虽然这种备课的软件服务的是老师，但是它却可以有效地提升老师备课的效率和质量，使老师可以更好地来组织授课的内容，这其实也是从另外一个角度来对学生进行服务，因为老师的备课效率提高，最终受益的还是学生。再比如说，计算机针对学生预习和自习这个环节来进行服务和帮助，可以把老师的一些想法和考虑与计算机的相关教学软件结合起来，使学生再利用计算机进行自习和预习的时候也得到了老师的教育。这样一来就使学生的自习和预习的效率和质量可以得到很大提高。

（二）无软件计算机辅助教学

利用计算进行辅助教学是需要一些专门的教学软件的，但是一些学校因为资金缺乏或者其他方面的原因，课堂上的教学软件没有得到足够的支持，一些内容没有得到及时的更新和优化。这就使一些学校出现了利用计算机系统常用软件来进行计算机辅助教学的情况。例如一些学校利用 Office 的 Word 软件作为学生写作练习的辅助工具，学生利用 Word 系统来进行写作练习，可以极大地提升写作的效率和质量，这样一来就可以使学生在课堂上有更多的时间来听老师的讲解，并且在学生写作的过程中，可以更加容易保持写作的专注度，使写作的思路更加顺畅，在提升学生思维能力的同时，也提升了学生的打字能力，促进了学生综合能力的提高。这种计算机辅助教学的形式也是很多学校在实践的过程中会用到的。

（三）计算机和学生进行互动教学

这种计算机辅助教学的方式就是利用计算机和学生的互动来进行辅助教学，这种辅助教学的方式把网络作为基础，利用相关的教学软件来具体地辅助教学过程。针对不同学生和老师的具体需求，采用个性化的教学软件来进行服务以及配合，体现出计算机与学生进行互动的能力。同时，一种利用网络远程教学的形式特别适合现今一些想学习的成人。因为成人具备一定的知识选择能力以及自我控制能力，这种人机互动的计算机辅助教学方式特别适合他们这类人群。这种人机互动的教学模式是未来教育发展的一个主要方向，它可以使更多对知识有需要的人们更容易、更方便地参与到学习中来。当然这种形式还需要长期的实践来作为经验基础。但是笔者认为，计算机辅助教学毕竟不是教学的全部，它只是起到一个辅助的作用，我们应该把计算机辅助教学放在一个合理的位置上去看待它，计算机的辅助还是应该适度的。

二、计算机辅助教学对于实际教学的影响

（一）对于教学内容的影响

在实际的教学中，教学内容主要承担着知识传递的部分，学生主要通过教学内容来获得知识、提升自身的能力，以及学习相关的技能。计算机辅助教学的应用使教学内容发生了一些形式上和结构上的改变，并且计算机已经成为老师和学生都必须熟练掌握的一种现代化工具。

（二）形式上的改变

以往的教学内容表现形式主要是用文字来进行表述，并且还会有些配合文字出现的简单的图形和表格，无法用声音和图像来对教学内容进行详细地表达。后来，教学内容的表现形式开始出现录像和录音的形式，可以这种表现形式也过于单一，无法满足学生的实际需求。现在通过计算机的辅助教学，可以在文本以及图画、动画、视频、音频等各个方面来表现教学内容，把要表达和传递的知识和信息表现得更加具体和丰富。一些原本很难理解的文字性概念和定理，现在通过计算机来进行立体式的表达，更加清晰，使学生更加容易去理解。同时这种计算机辅助教学对教学内容进行表达的方式可以极大地提升信息传递的效率，把教学内容用多种方式表达出来，满足不同学生的个性化需求。

（三）对于教学组织形式的影响

1.结构上的改变

以往的教学组织形式都是采用班级教学的方式来进行，班级教学的形式主要是老师对学生进行知识的传授，在这个教学组织形式里，老师是作为主体的，因为教学的内容和流程都是老师来进行设计和制定，在整个过程中，学生都处于一个非常被动的位置，现代的教育理念都是要在课堂上以学生为主体的。这种传统的教学组织形式已经不符合当今教育发展的要求，并且无法满足不同特点学生的个性化学习需求。而计算机辅助教学则会给这种教学组织形式带来根本性的改变，在整个教学组织形式中老师将不再成为主体，学生的个性化需求也将得到满足。在这种计算机辅助教学帮助下的教学组织形式可以有效地避免时间和空间的限制，利用网络来使教学形式更加开放，使以往的教学组织形式变得更加分散、个体化以及社会化。对知识的学习将不再仅限于课堂上，老师所教授的学生也不仅限于一个教室的学生。学生学习知识的时候可以利用网络得到无限的资源，老师在进行知识传授的时候可以利用计算机网络得到无限的空间，并且在时间上也更加自由，不再固定在某个时间段进行学习或者授课。

2.对于教学方法的影响

教学方法是老师对学生进行教学时候非常重要的一个部分，每个老师在进行教学的时

候都需要一套教学方法。以往的教学方法都是老师在课堂上对学生进行知识的传授，而现今的教学方法是老师引导学生进行学习。这种引导式的教学方法可以有效地提升学生的思维能力，并且能够让学生的学习积极性更加强烈。通过计算机辅助教学和引导式教学相结合，使引导式教学更加高效。例如利用计算机来对教学内容进行演示，给学生提供视觉上和听觉上更加直观的表达方式，使学生对于教学内容的理解更加透彻。并且利用计算机辅助教学可以有效地加强学生和老师之间的交流以及学生和学生之间的交流，并且交流的内容不仅限于文字，还可以发送图片或者视频等内容，非常有利于培养学生的交流合作能力。另外，计算机辅助教学还可以把学生学习的重点引导向知识点之间的逻辑关系上，不再只是学习单个的知识点，这样更有助于学生锻炼自身的思维能力，引导学生建立适合自身的学习风格和方式，培养学生的综合能力。

计算机辅助教学对促进我国教育起到了很大的作用，但是相对于发达国家来说，我们还有很大的差距和不足，我们应该努力开发和研究，不断完善这一教学方式，不断探索新的教学方法。同时，计算机辅助教学要更好地与课堂实际教学相结合，更好地促进我们国家的教育改革和发展。

第四节　计算机智能化图像识别技术的理论

由于我国社会经济发展，科技也在持续进步，大家开始运用互联网、计算机的应用越发广泛，图像识别技术也一直在进步。这对我国计算机领域而言是个很大的突破，还推动了其他领域的发展。所以，本节分析了计算机智能化图像识别技术的理论突破及应用前景等，期待帮助该领域的可持续发展。

现在大家的生活质量越发提升，越来越多的人应用计算机。生产变革对计算机也有新要求，特别是图像识别技术。智能化是现在各行各业发展的方向，也是整个社会的发展趋势。但是图像技术的发展时间不长，现在只用于简单的图像问题上，没有与时俱进。所以，计算机智能化图像识别技术在理论层面突破是很关键的。

一、计算机智能化图像识别技术

计算机图像识别系统具体有：首先，图像输入，把得到的图像信息输入计算机识别；图像预处理，分离处理输入的图像，分离图像区与背景区，同时细化与二值化处理图像，有利于后续高效处理图像；特征提取，将图像特征突出出来，让图像更真实，并通过数值标注；图像分类，还要储存在不同的图像库中，方便将来匹配图像；图像匹配，对比分析已有的图片和前面有的图片，然后比较现有图片的特色，从而识别图像。计算机智能化图像识别技术手段通常包括三种：首先，统计识别法。其优势是把控最小的误差，将决策理论作为基础,通过统计学的数学建模找出图像规律。句法识别法。其作为统计法的补充,通过符号表达图像特点,基础是语言学里的句法排列,从而简化图像,有效识别结构信息。神经网络识别法,具体用于识别复杂图像,通过神经网络安排节点。

二、计算机智能化图像识别技术的特征

(1)信息量较大。识别图像信息应对比分析大量数据。具体使用时,一般是通过二维信息处理图像信息。和语言信息比较而言,图像信息频带更宽,在成像、传输与存储图像时,离不开计算机技术,这样才能大量存储。一旦存储不足,会降低图像识别准确度,造成和原图不一致。而智能化图像处理技术能够避免该问题,能够处理大量信息,并且让图像识别处理更快,确保图像清晰。

(2)关联性较大。图像像素间有很大的联系。像素作为图像的基本单位,其互相的链接点对图像识别非常关键。识别图像时,信息和像素对应,能够提取图像特征。智能化识别图像时,一直在压缩图像信息,特别是选取三维景物。由于输入图像没有三维景物的几何信息水平,必须有假设与测量,因此计算机图像识别需考虑到像素间的关联。

(3)人为因素较大。智能化图像识别的参考是人。后期识别图像时,主要是识别人。人是有自己的情绪与想法的,也会被诸多因素干扰,图像识别时难免渗入情感。所以,人为控制需要对智能化图像技术要求更高。该技术需从人为操作出发,处理图像要尽量符合人的满足,不仅要考虑实际应用,也要避免人为因素的影响,确保计算机顺利工作及图像识别真实。

三、计算机智能化图像识别技术的优势

(1)准确度高。因为现在的技术约束,只能对图像简单数字化处理。而计算机能够转化成32位,需要满足每位客户对图像处理的高要求。不过,人的需求会随着社会的进步而变化,所以我们必须时刻保持创新意识,开发创新更好的技术。

(2)呈现技术相对成熟。图像识别结束后的呈现很关键,现在该技术相对成熟。识别图像时,可以准确识别有关因素,如此一来,无论是怎样的情况下都可以还原图像。呈现技术还可以全面识别并清除负面影响因素,确保处理像素清晰。

(3)灵活度高。计算机图像处理能够根据实际情况放大或缩小图像。图像信息的来源很多方面,不管是细微的还是超大的,都能够识别处理。通过线性运算与非线性处理完成识别,通过二维数据灰度组合,确保图像质量,这样不但可以很快识别,还可以提升图像识别水平。

四、计算机智能化图像识别技术的突破性发展

（1）提高图像识别精准度。二维数组现在已无法满足我们对图像的期许。因为大家的需求也在不断变化，所以需要图像的准确度更高。现在正向三维数组的方向努力发展，推动处理的数据信息更加准确，进而确保图像识别更好地还原，保证高清晰度与准确度。

（2）优化图像识别技术。现在不管是什么样的领域都离不开计算机的应用，而智能化是当今的热门发展方向，大家对计算机智能化有着更高的期待。其中，最显著的就是图像智能化处理，推动计算机硬件设施与系统不断提升。计算机配置不断提高，图像分辨率与存储空间也跟着增加。此外，三维图像处理的优化完善，也优化了图像识别技术。

（3）提升像素呈现技术。现在图像识别技术正不断变得成熟，像素呈现技术也在进步。计算机的智能化性能能够全面清除识别像素的负面影响因素，确保传输像素时不受干扰，从而得到完整真实的图像。相信关于计算机智能化图像识别技术的实际应用也会越来越多。

综上所述，本节简单分析了计算机智能化图像识别技术的理论及应用。这项技术对我国社会经济发展做出了卓越的贡献，尤其是对科技发展的作用不可小觑。它的应用领域很广，包罗万象，在特征上具有十分鲜明的准确与灵活的优势特点，让我们的生活更加方便。现阶段我国越发重视发展科技，并且看重自主创新。所以，我们还应持续进行突破，通过实践不断积累经验，从而提升技术能力，让技术进步得更快，从而帮助国家实现长远繁荣的发展。

第五节　计算机大数据应用的技术理论

近几年来，先进的计算机与信息技术已经在我国得到了广泛的发展和应用，极大地丰富了人们的生活和工作，并且有效促进了我国生产技术的发展。与此同时，计算机技术的性能也在不断更新和完善，并且其应用范围也不断扩大。尽管先进的计算机技术给各个领域的发展带来极大的促进作用，然而在计算机技术的应用过程中仍然存在着诸多问题，这主要是由于计算机技术的不断发展使计算机网络数据量与数据类型不断扩大，因而使数据的处理和存储成为影响计算机技术应用的一大重要问题。本节将围绕计算机大数据应用的技术理论展开讨论，详细分析当前计算机技术应用过程中存在的问题，并就这些问题提出相应的解决措施。

计算机技术的发展在给人们的生活和工作带来便利的同时也隐藏着诸多不利因素，因此，为了能够有效地促进计算机技术为人类所用，必须对其存在的一些问题进行解决。计算机技术的成熟与发展推动了大数据时代的到来，从其应用范围来说，大数据所涉及的领域非常广泛，其中包括：教育教学、金融投资、医疗卫生以及社会时事等一系列领域，由

此可见，计算机网络数据与人们的生活和工作联系极其紧密，因此，确保网络数据的安全与高效处理成为相关技术人员的重要任务之一。

一、计算机大数据的合理应用给社会带来的好处

（一）提高了各行业的生产效率

先进技术的大范围合理应用给社会各行各业带来了诸多便利，有效提高了各行业的生产效率。譬如：将计算机技术应用到教育教学领域可以有效提高教育水平，这得益于计算机技术一方面可以改善教师的教学用具，从而可以有效减轻教师的教学重担；另一方面可以为学生营造一个更加舒适的学习环境，从而激发学生的学习热情，进而提高学生的学习效率。将计算机技术应用到医疗卫生行业首先可以促进国产化医疗设备的发展和成熟，其次还便于医疗工作者对病人的信息进行安全妥善管理，提高信息管理效率。

（二）促进了各行业的技术发展

计算机网络技术的大范围应用有效促进了各行业的技术发展，从而提高了传统的生产和管理技术。基于计算机大数据的时代背景之下诞生了许多新型的先进技术，如：在工业生产领域广泛应用的 PLC 技术，其是计算机技术与可编程器件完美融合的产物，将其应用到工业生产中可以有效提高生产效率，并且改善传统技术中存在的不足和缺陷，并且基于 PLC 技术的优良性能使其应用范围不断扩大，目前已经被广泛应用到电力系统行业，从而有效提高了电力系统管理效率。

二、计算机大数据应用过程中存在的问题

影响计算机大数据有效应用的原因有很多，其中数据采集技术的不完善是影响其合理应用的原因之一，因此，为了能够有效促进计算机大数据在其他领域的发展，必须首先提高数据采集效率，这样才能确保相关人员在第一时间获得重要的数据信息。其次，在数据采集效率提高之后，还必须加快数据传输速度，这样才能将采集到的有用数据及时传输到指定位置，便于工作人员将接收到的数据进行整合、加工和处理，从而方便用户的检索和参考。与此同时，信息监管及处理技术也是困扰技术人员的一大难题，同时制约着计算机网络技术的进一步发展，因此，提高信息数据的监管和处理技术任务迫在眉睫。

三、改进计算机大数据应用效率的措施

（一）提高数据采集效率

从上文可知，目前的计算机大数据在应用过程中存在许多的问题和不足，需要相关的

技术人员不断完善和改进。其中，最为突出的问题之一便是数据的采集效率不能满足实际应用需求，因此，技术人员必须寻找可行的方案和技术来进一步完善当前的数据采集技术，以便能够有效提高数据采集效率。然而，信息在采集过程中由于其种类和格式存在很大的差异，进而使信息采集变得相当复杂，因此，技术人员必须要以信息格式为入手点，不断优化和完善信息采集技术，确保各种类型的信息数据都能通过相似的采集技术实现采集功能，这样可以大大降低信息采集工程的难度，从而提高信息采集效率。

（二）优化计算机信息安全技术

尽管新型的计算机技术给人类的生活带来了极大的便利，然而，凡事都有利弊性，计算机技术在给人类生活带来便利的同时也带来了一定的危害。大数据时代的到来方便了社会的生产和进步，但是同时给许多不法分子带来了机会，他们利用这种先进的计算机技术肆意盗取国家机密和个人的重要信息，因此，优化计算机信息安全维护技术成为摆在技术人员面前的一项重要任务。同时，当前的计算机网络数据中包含着众多社会人员的重要信息，其中包括身份证信息、银行卡信息以及众多的个人隐私，因此，维护网络数据的安全是至关重要的。然而，凡事都会有解决措施，譬如：技术人员应该定期维护数据安全网络或派专业人员进行实时监管确保其安全。

计算机技术的快速发展促进了大数据时代的到来，并且由于特有的优良性能使得其应用范围不断扩大。然而，尽管这种技术极大地促进了社会的生产，但是也同样会给社会带来一定的影响，因此，相关的技术人员需要不断地优化和完善计算机网络数据的监管技术以确保用户的信息安全。此外，为了便于信息的传输和流通，技术人员需要不断提高信息采集和传输速度，以便满足用户日益增长的需求。

第六节　控制算法理论及网络图计算机算法显示研究

随着 21 世纪科学技术的飞速发展，通用计算机技术已经普及我们生活的方方面面。并且通过计算机技术，我国的各行各业都有了突飞猛进的发展。在计算机控制算法领域，通过将计算机技术与网络图的融合，将计算机的控制算法以现代化的计算机演算方式表现出来。并且随着计算机网络技术与网络图两者之间的协作发展，可以在控制算法上得到很好的定量优势和定性优势。本节通过对计算机网络显示与控制算法的运行原理进行分析研究，主要阐述计算机网络显示的具体应用方法，并对现有阶段计算机网络显示和控制算法中不足之处进行分析，并且提出了一些改进性的意见和方法。

随着近些年来计算机显示网络理论的研究深入，目前我国应用计算机网络显示和控制算法中的网络图的控制有着日新月异的变化。在工作中计算机可以实现与计算机网络图显示理论进行高效结合。在计算机网络图显示与控制算法中，符号理论的发展也极为迅速。

它可以将网络图的控制以及标号的运行熟练控制，而且在这些研究过程中最重要的两点分别是计算机的控制算法和计算机的网络图显示。

一、计算机网络图的显示原理和储存结构

计算机网络图的显示原理最简单地说就是点与线的结合。打个比方，如果需要去解决一个问题，那么必须要从问题的本质出发。只有对问题的根源进行分析理解并认识问题的产生原因，才可以使用最有效的方法解决这个问题。换一种思考问题的方法，我们将数学上的问题利用数学理论进行建模，利用这种建模的方法对问题进行分析研究，就会发现所有的问题在数学模型中的组成只有两个因素，一个是点，还有一个是线。而最开始的数学建模的方法和灵感，是科学家通过国际象棋的走位发现的。在国际象棋进行比赛的过程中，选手们需要根据比赛规则依次在两个不同的位置放置皇后。并且选手们选择皇后的位置都有两个原则，这两个原则分别是：第一使用最少的，第二选用最少的。而通过这种方法也就构成了计算机网络中最原始的模型结构。并且由于计算机网络图的主要构成是点与线的构成，所以图形的领域是计算机网络图最主要的构成方式。在后续科学家的研究过程中，科学家将图论融入计算机的算法中发现可以利用控制算法的方式对问题进行解决。通过这种方式形成的计算机网络图可以将图论中的数学模型建模和理论体系进行融合并加强了计算的效率。

而在最开始计算机运算过程中的储存结构通常是由关联矩阵结构、邻接矩阵结构，十字邻接表，邻接表这4种最基本的基础结构构成。并且关联矩阵结构和邻接矩阵结构主要体现的是数组结构之间的关系。十字邻接表和邻接表主要体现的是链表结构之间的关系。并且在计算机运算过程的储存结构中邻接表的方法并不只是这一种。通常科学家还可以通过对边表节点进行连接，并在连接过程中次序表达然后结合邻接表算法，就可以更好地在网络图中对现有的计算机算法进行表达。

二、网络图计算机的几种控制算法分析

网络图计算机的控制算法主要是由点符号控制算法、边符号控制算法和网络图显示方法组成。在实际应用过程中点符号控制算法主要是通过闭门领域中的结构组织，在计算机使用符号计算的过程中掌握好极限度，主要是对最大和最小的度限定有着精确的控制，还需要在上下限中之间有着及时的更新。如果显示网络图需要使用符号算法进行，就需要依据下限随时变化的角度来满足网络图下限的需求。而边符号的控制算法已经是一种较为成熟的算法方式，边符号控制算法主要是利用 M 边的最小边码符号进行控制计算得出。而且边符号可以说是近些年来，科学家对计算机网络算法的再一次创新。通过这次创新计算机网络图的控制理论有着更为完善的发展。并且通过对边符号控制算法的上限和下限进行实际的确定过程中，可以将计算机网络图控制算法的优势更为明确地体现出来了。在运用

边符号控制算法进行计算机网络控制计算过程中可以利用代表性的网络符号利用边控制算法提高计算中的精确度。而在工作人员使用计算机网络符号边控制算法的操作过程中，明确的界限可以使计算机的网络图显示有着更为精准的表达方式。在计算机控制算法中使用符号和边符号的显示主要是在绘制网络图的过程。在计算运行结束过后，就需要一种显示方法来将图像绘制过程中的数据进行输入。如果需要增加输入过程的准确程度，就需要操作人员将指令准确地输入到计算机的网络图中。并且在输入完成过后还需要将表格绘制中需要的其他数据，进行再次分析输入。而表格绘制过程中的数据，主要是包括绘图中的顶点个数，以及边的数量和图形的顶点坐标等等。在计算机网络图的绘制过程中，大多数情况都需要创建邻接多重表，利用邻接多重表可以将数据更准确地输入到创建表中，才可以使网络图中的数据更完整地显示出来，并且还可以维持网络连接过程中的稳定性。

三、对现有计算机算法和网络图的显示方法的提升措施

目前现有的网络图计算机算法在运行的过程中通常会出现语言表达不简便、绘制网络图的过程复杂，并且在网络图的绘制过程中无法进行准确的记录。而随着计算机网络图的算法在领域中更深入的应用过程中，就会发现在实际操作过程中计算机算法和网络图显示以及相关的查询系统在实际操作过程中如果不熟练使用会导致计算机整体系统不稳定，从会将已经绘制好的网络图再次修改。出现了以上类似问题，就需要在网络图的显示过程中借助计算机的 C 语言程序来绘制出想要表达出来的网络图。由于计算机中 C 语言的语言表达方式较为简单，并且 C 语言的功能也异常强大，所以在计算机网络图显示的过程中使用 C 语言可以将图形更加准确地绘制在计算机的屏幕上。又由于 C 语言计算所占字节数较少，所以 C 语言在绘制计算机网络图的过程中，可以节省计算机的内部储存，并且使计算机在绘制网络图的速度和效率上都有极大促进。而且随着绘制难度的加深，许多点对点之间的连线会出现很多顶点和边之间的关系。如果对计算机网络绘图不熟练就会造成绘图的失败。这就需要在绘图过程中，需要对图形每个顶点之间进行连线，并且还需要将整个图形绘制出相应的物理坐标，在图形的物理坐标上选取适当的距离，并将每个数值都选取整数或估算为整数。利用这种方法才可以将图形在绘制过程中的清晰度大为提升，并且也便于后续操作的观察。如果我们要将图形中不需要的边和点进行删除，那么就要在删除的过程中查询时间和过程，并将其准确地记录，以方便后续的操作。只有这样才能更好地构建出计算机网络图的显示系统。在计算机网络图的算法领域应用中，还需要对控制算法运行过程中的边符号控制系统进行完善。只有将绘制好的网络图进行多次修改和完善，才可以降低整个计算机算法系统的不稳定性。在修改过程中，还需要实现对数据的查询功能，以避免绘制出的图像古板模糊。在系统的完善过程中，还需要通过数据库的具体形式将数据进行正确操作来解决数据库绘制过程中的数据需求。如果需要提高对计算机控制算法的运行效率，就还需要对计算机控制算法和网络图绘制过程中的不同对象进行有效地分析。

在未来的应用过程中，依然还需要网络工作者对计算机控制算法和网络图的显示进行不断的创新和发展，才可以使计算机网络图控制算法和显示功能更适应时代的发展和人们的生活需求。

计算机的网络图显示和控制算法理论，现在已经在我国的各个领域熟练地运用，并且每一阶段网络图理论和控制算法都有着迅猛的创新发展。由于目前计算机这一新兴行业受到了地方和国家的高度关注，计算机领域人才的培养也越来越受重视，所以我国现代化发展的步伐离不开计算机网络图的应用。随着市场需求的不断增加，只有从网络应用层面出发，不断提升计算机的技能，才可以满足市场上的需求，从而促进我国现代化发展的步伐。

第三章　计算机网络技术

第一节　计算机网络技术的发展

计算机网络的应用已经成为人们精神世界必不可少的一部分。它不仅改变了人们的生活和工作方式，更对社会的整体发展有很大的推动作用。在目前的网络技术与通信技术快速发展的形势之下，社会各个领域都逐步开始应用计算机和信息化等网络技术。

计算机是 20 世纪人类最伟大的发明之一。它的产生标志着人类开始迈向一个崭新的信息社会，新的信息产业正以强劲的势头迅速崛起。随着现代科学技术的不断发展，计算机网络技术成为发展的热门技术，是推动一个国家科学发展的重要方面。

一、计算机网络技术的概念及分类

计算机网络技术的概念：计算机网络主要是由一些通用的、可编程的硬件互连而成的，而这些硬件并非专门用来实现某一特定目的（例如，传送数据或视频信号），是通信技术与计算机技术相结合的产物，是通过网络通信技术与管理软件间的有效融合，计算机操作系统中的信息、资源能实现传递与共享的一种技术。

计算机网络技术的分类：按网络的作用范围划可分为：（1）局域网（LAN），是现阶段使用范围最广的一种计算机网络技术。局域网一般用微型计算机或工作站通过高速通信路线相连（速率通常在10Mbit/s以上），但地理上则局限在较小的范围（如1公里左右）。（2）城域网（MAN），可以为一个或几个单位所拥有，但也可以是一种公用设施，用于将多个局域网进行互连。它的作用范围一般是一个城市，可跨越几个街区甚至整个城市，其作用距离为5~50公里。（3）广域网（WAN），是互联网的核心部分，其任务是通过长距离（例如，跨越不同的国家）运送主机所发送的数据。其作用范围大，通常从几十至几千公里，因而有时也被称为远程网。

按网络的使用者可划分为：（1）公用网（public network），主要是指电信公司（国有或私有）出资建造的大型网络，也可以被称为公众网。（2）专用网（private network），主要是指某个部门为满足本单位的特殊业务工作的需要而建造的网络。

二、计算机网络技术的发展现状

21世纪已进入计算机网络时代，计算机网络成了计算机行业较重要的一部分。由于局域网技术发展成熟，出现了一系列光纤和高速网络技术、多媒体网络、智能网络，其发展为以 Internet 为突出代表的互联网。随着通信和计算机技术紧密结合和同步发展，我国的计算机网络技术也在迅速地飞跃发展中，因此计算机网络技术充分实现了资源共享。人们可以不受限制随时随地地访问和查询网络上的所有资源，极大地提高了平时的工作效率，促进了工作生活自动化和简单化发展。现阶段发展中，计算机网络管理技术从网络管理范畴来看主要可分为四类：第一是对网络的管理，即针对交换机、路由器等主干网络进行管理；第二是对接入设备的管理，即对内部 PC、服务器、交换机等进行管理；第三是对行为的管理，即针对用户的使用进行管理；第四是对资产的管理，即统计 IT 软硬件的信息等。

三、计算机网络技术的前景分析

计算机网络技术大体的发展前景可概括为以下三个方面：（1）发展应开放化和集成化。科学技术的发展使人们对计算机网络技术的要求不断提升，在目前的发展背景下，还应实现集成多种媒体应用以及服务的功能，这样才能确保功能和服务的多元化。（2）发展应高速化和移动化。快节奏的社会发展步伐使人们对网络传输的速度要求越来越高，为实现上网的便捷性，打破地域环境的限制，则实现网络的高速化和移动化发展是很关键的。（3）发展应人性化和自动化。计算机网络技术应满足人们在生活和工作中的需求，在今后发展中以人性化为主，促使其应用更加简捷高效。

随着当今社会的发展和计算机网络水平的不断提高，计算机网络技术的应用逐步增加，而现在计算机网络技术的发展也进入一个关键性时期，随着用户对网络技术需要越来越高，网络安全问题也开始得到人们的重视，与此同时人们也开始担心网络的统一性问题，所以在今后的发展中，我们应该更加重视计算机网络的标准性与安全性的深化改革，同时也需要培养更多专业人才支持计算机网络的发展。

第二节　人工智能与计算机网络技术

随着科学的不断进步，计算机技术与信息化技术已经被广泛地使用，智能化服务已经成为当前计算机技术与信息化技术创新的关键。因此，就人工智能在当前社会的发展现状来看，潜力巨大，在人们的日常生活中发挥着巨大的作用。本节通过对人工智能技术的优势以及人工智能出现在计算机网络技术应用中的必要性进行分析，介绍人工智能在计算机网络技术中的应用，使读者明白人工智能在计算机网络技术建设中的作用。

一、人工智能技术的优势分析

模糊信息能力与协作能力。人工智能作为顺应时代的产物，不仅可以方便当前人类的生活，还具有预测未来的功能。这种预测功能虽然是通过模糊逻辑对事物进行推理得出的，但是一般不需要特别准确的数据支持。因为在计算机网络中，存在大量的模糊信息等待开发，这些信息具有不确定性和不可知性。因此，对于这些信息的处理也存在很大的困难，而人工智能可以充分发挥这类数据的作用，将人工智能技术应用到计算机网络管理中，对于提升网络管理的信息处理能力会有很大的帮助。

同时，人工智能还具有协作能力，从当前的发展来看，计算机网络不论在规模还是结构上都在不断地扩大，这对于网络管理来说具有很大的难度，传统的"一刀切"模式已经不能有效满足当前的网络管理，因此，需要对网络进行分级式管理。对网络采用一级一级的方式进行监测，需要在网络管理过程中处理好上级与下级的关系，使两者有效协作。而人工智能技术能够利用协作分布思维来处理好这种协作关系，从而提高网络管理的协作能力。

学习能力和处理非线性能力。人工智能在计算机网络技术运用中具有很好的学习能力。网络作为虚拟的东西，不但不可估摸，而且具有的信息量以及概念都远远超出我们所能猜测的范围，很多信息与概念都还处在较低的层次，相对简单。这些信息对于人类社会发展来说，很可能都是重要的信息内容。往往高层次的内容都是通过对低层次内容深入学习、解释和推理得到的，因此，高层次的内容往往是建立在低层次的信息之上的，而人工智能在处理这些低层次的信息中表现出了很强的运用能力。

人工智能的非线性能力主要是通过人类正确处理非线性功能得出的。人工智能技术的发展使机器获得了像人类一样的智慧和能力，在解决非线性问题方面人类已经可以表现出明显优势，人工智能作为人类智慧的衍生物，在处理非线性问题时同样具有优势。

人工智能的计算成本小。人工智能在运算过程中，可以将已经储存的数据循环使用，使资源的消耗最小化。人工智能在运算过程中主要通过算法进行演算，而且这种算法在处理数据过程中具有很强的运算能力，效率很高，在处理问题时可以通过选择最优方案来完成计算任务，这样不仅节约了大量的时间，使网络技术高效运行，而且还能够节省很多计算资源。

二、人工智能在计算机网络技术中应用的必然性

随着计算机技术的蓬勃发展，如何使网络信息安全有效运行成为人们研究的重点内容。作为网络管理系统应用的重要功能，网络监控与网络控制也是人们关注的焦点。而如何发挥好网络监控和网络控制功能，取决于是否及时获取信息以及及时处理信息。计算机技术

的发展已有很多年,人工智能在近些年才出现。因为早期的计算机网络数据出现不连续和不规则的情况,计算机很难从中分析出有效的数据内容,导致计算机技术的发展缓慢前行,所以,当前实现计算机网络技术的智能化发展对社会发展来说至关重要。

随着计算机技术在各行各业的应用,人们对网络运行安全性意识增强,用户对网络安全管理的要求也逐渐提高,从而有效保障个人信息不受侵犯。计算机技术作为刑侦手段,具有较为敏捷的观察力以及快速的反应力,这对防止当前的网络犯罪具有良好的效果,可以有效遏制不法分子的犯罪活动。同时,在对人工智能进行智能优化管理系统的升级后,人工智能可以自动收集信息,并根据收集的信息诊断可能给计算机网络带来的影响,从而有效帮助用户及时发现网络运行中存在的故障并采取有效的措施恢复故障,保证计算机网络安全有效运行。所以说人工智能可以有效保证计算机网络运行过程中的信息安全。

计算机给人类带来了新的技术革命,决定了人工智能的存在,人工智能作为计算机发展的产物,极大地促进了计算机技术的发展。当前计算机在处理数据、完善算法过程中已经离不开人工智能的技术支持。人工智能由于能够有效处理不确定信息和及时追踪信息的动态变化,并将有效信息处理过后提供给用户,同时还具有高效的协作能力以及信息整合能力,从而提高当前工作者的工作效率,而且人工智能的推理能力也相对较强。人工智能的发展可以有效提高计算机的网络管理水平。

三、人工智能在计算机网络技术运行中的应用分析

人工智能提高计算机网络安全管理水平。当前网络安全仍然不是很高效,很多用户的信息依然存在较大的安全隐患,而人工智能的应用可以有效帮助用户保护个人信息安全,在实际操作过程中,人工智能主要通过智能防火墙等实现网络安全管理的目标。

智能防火墙通过智能化识别技术对信息数据的分析处理,无需进行海量的计算,直接对网络行为的特征值发现并访问,在防止网络危害方面效果较好,从而有效地对其进行拦截。智能防火墙可以有效保护网站不受黑客攻击,及时检测病毒以及木马,防止病毒的扩散,同时,还可以有效对内部局域网进行监控管理。

入侵检测作为防火墙的第二道闸门,对于保护网络运行安全同样具有至关重要的作用。入侵检测可以对网络的数据进行分析、分类、处理后反馈给用户。入侵检测可以防止内部以及外部攻击,避免操作失误造成的损失。

智能反垃圾邮件系统可以有效保护用户的邮箱免遭侵害,保护用户的个人隐私。通过识别用户的邮箱,系统可以分析出垃圾邮件,分类并选择性发送给用户。

人工智能代理技术。人工智能代理技术由知识库、数据库、解释推理以及各代理之间通信部分形成的软件实体。每个代理的知识域库通过对新数据的处理,促使各代理之间沟通并完成任务。人工智能代理技术还可以对用户指定的信息进行搜索,然后将其发送到指定的位置,使用户更高效地获取信息。

代理技术的使用可以为客户提供更加人性化的服务，比如代理技术可以在用户查找信息过程中，通过分析处理将有用的信息呈递给用户，用户通过对信息的筛选，选择适合自己的信息进行使用，提高用户的工作效率。同时，代理技术还可以为用户提供日常所需服务，比如日程工作安排、网上购物以及邮件收发等，极大地方便了用户的生活。同时，人工代理技术还具有自主学习等能力，使计算机进行自主更新；不断强化人工智能代理技术，使计算机网络技术不断发展。

网络系统管理和评价中的应用。人工智能的发展促进了网络管理系统的智能化发展，在建立网络综合管理系统过程中，可以利用人工智能的专家知识库以及问题解决技术。因为网络环境具有高速运转、发展迅速等特点，网络管理运行过程中遇到的问题，需要通过网络管理技术的智能化发展来提高其处理的效率。同时，人工智能技术还可以将专家知识库中各领域的问题、经验、知识体系、解决方法总结出来，重新整合形成新的智能程序。当来自不同领域的工作人员使用计算机遇到各个领域的问题时，可以与专家库进行对比分析来解决，有利于实现计算机网络管理以及系统评价的工作。这种人工智能分析出来的专家意见具有一定的权威性，同时，人工智能还能及时针对行业的需求、各领域专家学者提供的最新建议以及经验对数据库进行更新处理，使人工智能下的网络系统管理以及评价系统顺应时代的发展。

在信息化与智能化不断发展的时代，计算机网络技术与智能化的完美融合可以有效帮助人们解决工作以及生活中的问题。面对不断发展的社会，人们对于计算机网络技术的应用需求越来越高，不仅要求能保障自身信息的安全性，还要求能快速处理问题。因此，人工智能作为计算机网络技术发展过程中的产物不断得到推广，我们应该充分发掘其潜力，为计算机网络技术发展做贡献。

第三节 计算机网络技术的广泛应用

计算机网络技术受到全社会的广泛关注，发展迅速。计算机网络技术应用于社会许多领域并取得重大成果，成为社会发展的巨大推力。在这种情况下，针对计算机网络技术的应用现状进行分析，从中分析出计算机网络技术的长处所在，以满足实际需要为计算机应用于各个领域的最终目的。进而保证计算机网络技术能够更好地应用于各个领域之中，发挥其作为先进技术的重要导向作用，促进各行业的持续健康发展，推动社会发展，促进计算机网络技术的革新进步，形成良性循环。

一、网络计算机技术的社会应用方面

将计算机网络技术应用于公共服务体系。对于目前我国公共服务体系中，其中重点问题也是难点问题就是提高公共服务的效率的方法。计算机网络技术的出现恰好解决了这个问题。过去的公共服务主要是通过大量的人力物力的投放来保证实施的。不仅杂乱而且效率低下，问题不断。而计算机网络技术在释放大批人力的同时，提高了效率。帮助公共服务体系的管理人员能够方便高效地实行管理工作。计算机网络技术的发展进步以及日趋成熟，使计算机网络技术手段实施与管理、工作中变得大众化。计算机网络技术与公共服务系统完美融合，更加明显地体现出来计算机网络技术的优势所在。

例如：过去的公共服务体系中，对于"便民服务、咨询投诉、公众宣传"等公共服务是"头疼"的。如果按要求落实了这些服务，那人力、物力成本不可估计，但是不执行又有悖于公共服务体系的初衷。所以网络技术出现，解决了这些矛盾，人们可以在网上向管理人员进行问题咨询，或者是倾诉自己的不满以及关注一些福利政策。人们看得更加清楚明白，公众服务体系的管理人员的工作也更好开展。可以说是计算机网络技术与公共服务体系的结合，真正做到了"方便你、我、他"。

计算机网络技术在网络系统中的实际应用。光纤技术对于计算机网络系统的构建、完善具有重大意义。反过来讲计算机网络技术又大面积应用于光纤技术中。我们日常计算机网络活动中所使用的城域网的主要传输方式的学名其实就是"光纤分布式数据接口传输技术"。虽然光纤技术应用广泛且效率高，但是也受使用成本过高问题的困扰而计算机网络技术正是解决了这个问题，让人们打破价格带来的不方便，真正享受网络技术发展所带来的轻松便利的生活。

二、计算机网络技术的具体应用分析

从目前的计算机网络技术的发展趋势来看，深入探讨一下计算机网络技术的具体应用分析是有意义的。下面就对计算机网络技术的应用进行探讨。

（一）计算机网络技术在信息系统中的应用

1. 计算机网络技术为构建信息系统提供了技术的支持

计算机网络技术的发展程度在一定程度上决定了网络信息系统的完善程度。换句话说，计算机网络技术是网络信息系统的建立基础。为构建信息系统提供了技术上的支持。

第一，计算机网络技术为了保证信息系统的传输效率全面、快速提高，为信息系统的构建提供了新的传输协议。

第二，为了保证信息系统的存储能力足够强大，计算机网络技术不断进步与提升，研究出了新的数据库技术，满足了信息系统构建所需要的存储条件。

第三，信息系统的建立目的就是让人们得到有时效的、自己所需要的信息。计算机网络技术为信息系统提供了新型的传输技术，正是保证了信息系统所传输的信息的时效性和实用性。

2. 计算机网络技术加速了信息系统的发展

计算机网络技术不仅对信息系统的构建产生巨大作用，对于信息系统的后续发展也有着不可忽略的促进作用。网络技术自身的不断进步和完善，也为信息系统的整体性建设和完善提供了源源不断的技术支持。计算机网络技术在这个过程中为信息系统的发展提供源源不断的动力，产生了不可忽视的拉动作用，加速信息系统的发展与进步。

（二）计算机网络技术在教育科研中的应用

近些年来，教育的改革不断深化，广受社会各界人士的关注。不仅是改革旧的教育方式，更要在教育中融入新技术，让教育做到了与时俱进。跟上时代的发展步伐，也有利于开拓学生的眼界，做一个全面的高素质人才。随着计算机网络技术的发展，教育与计算机网络技术的结合，让这一切都不是难题。并且促进教育科研的发展和进步，研究出了许多新技术，对教育发展有重大意义。比如：远程教育技术和虚拟分析技术的研发和运用，提高了教育的质量和效率，提高了教育科研的整体性水平。

1. 远程教育得以实现的技术支持

计算机网络技术与教育科研的完美融合，加速了远程教育的实现，有效地拓宽了教育的波及范围，促进了教育发挥积极作用。同时远程教育的实现还起到了丰富教育手段的作用。对于目前的远程教育的运行情况来说，收获了良好反响的同时让师生都体会到了远程教育带来的好处。并且远程教育这种教育形式有望于在未来的教育体系中成为主流教育形式替代传统教学形式。计算机网络技术应用于远程教育体系的构建中，对教育体系的变革产生了巨大的、不可忽视的、不可磨灭的作用。

2. 虚拟分析技术的出现促进教育科研发展

随着社会发展和科技进步，我们对于教育方面所教授的知识已经不仅仅满足于课本上的文字内容。更希望课本上的文字内容"活起来"这样能够更直观立体，也能更生动的"看见"课本内容，并加以理解和掌握。尤其是对于一些需要进行数据分析和实际操作设计的内容，"动起来"更是意义重大。虚拟分析技术应运而生。依靠于计算机网络技术的发展为虚拟技术的研发提供基础条件。这也是计算机网络技术在与教育相融合时产生的另一大理论成果。

（三）计算机网络技术在人工智能方面的应用

人工智能这个概念早已提出，但是随着科技的进步，使人工智能从构想变成了现实。人工智能系统也成为一个独立存在的系统了，但是计算机网络技术作为人工智能技术的发展基础，是不能被湮灭的。即使在现在，人工智能系统的实施也无法脱离于计算机网络技术，人工智能的从无到有，无一不彰显着计算机网络技术的应用所带来的巨大成果。

计算机网络为自动程序设计提供方便编程和程序设计既是计算机网络技术的基础也是核心内容。计算机网络技术中自动设计程序也是一个重要研究方面。自动程序的研究不断深化预示着程序员的工作将会渐渐被取代，也象征着人工智能研究取得巨大成果。自动程序的设计为人工智能提供了基础，也为人工智能时代的到来提供了可能、加快了速度。

（四）计算机网络技术在通信方面的应用

计算机网络的发展为人们的生活提供了便利，这一点无可厚非，这样的改变是逐渐地，尤其在通信方面表现尤为明显。从一开始的面对面交流、写信、电话、电报到如今的视频通话，让在外的人与家里人沟通更畅快，与朋友交流更密切。网络的发展也是 2G\3G\4G 这样有过程地、逐步地发展进步。计算机网络技术应用于通信方面，方便了人们之间的交流，让距离不是问题，有利于构建和谐的社会关系。

总之，本节通过对计算机网络技术在商务中、人工智能技术中的应用及其应用途径和具体应用的分析，让我们直观地感受到计算机网络技术发展对社会的巨大推动作用。基于此，我们需要对网络信息技术有一个完整的、清晰的、深入的认识，推动计算机网络技术能够更广泛、更深入、更高效地应用于各个领域。促进社会各个行业、各个领域的发展成熟。

第四节　计算机网络技术与区域经济发展

计算机网络技术在区域经济发展中，有效应用集中体现在优化发展结构、衍生新技术、经济发展要素等方面，为了持续发挥计算机网络技术应用价值，推动区域经济健康、可持续发展，有必要重视计算机网络技术的影响研究，以计算机网络技术助推区域经济取得进一步发展成绩。鉴于此，本节对"计算机网络技术对区域经济发展的影响"展开分析具备一定的现实意义与理论价值。

一、计算机网络技术对区域经济发展的具体影响分析

优化区域经济发展结构。传统经济模式显然无法紧跟现代化经济社会发展脚步，然而在计算机网络技术支持下，传统经济模式可进行改造或者升级，借助信息化手段，高效处理生产信息，借助计算机网络技术优化生产流程，可确保区域生产力满足现代区域经济发展需求。例如：农业生产活动中，计算机网络技术的有效应用，可让生产方式实现现代化，以此推动我国农业的科技化发展。

衍生高新技术。计算机网络技术的有效应用，能够让传统产业与现代技术进行有效融合，全面提高生产力，并且在此基础上，优化产业结构。除此之外，在计算机网络技术的支持下，各项高新技术的有效应用，能够进一步提高产品的附加值，为产品市场核心竞争力的提高夯实基础，对促进区域产业经济进一步发展有着十分重要的促进作用。

影响区域经济发展要素。传统区域经济发展中，侧重人才要素、资本要素、技术要素等。然而计算机网络技术的有效应用，是传统区域经济发展要素，可在区域内短时间得到

补充或者流失，意味着在计算机网络技术的支持下，区域经济发展资源分配更加合理，资源利用率更高，更加有助于区域经济健康、可持续发展。另外，借助计算机网络技术，区域内产业可进行强强合作，有效增强了区域内产业市场核心竞争力，为区域经济健康发展夯实了基础。

二、计算机网络技术助推区域经济发展的对策分析

当今社会，计算机网络技术得以普及应用，为区域经济发展提供技术保障。为了进一步推动区域经济发展，有必要重视计算机网络技术的深层次应用，并重视相关专业人才的培养。

借助计算机网络技术改造和升级传统产业。计算机网络技术普及应用背景下，部分企业信息化建设严重不足，尤其是中小企业，计算机网络技术的应用深度不足，难以充分发挥计算机网络技术应用价值，助推企业的健康发展。所以，政府相关部门有必要重视自身职能作用的发挥，借助多种手段，强化计算机网络技术在产业发展中的应用，促使区域各产业能够利用计算机网络技术改造和升级产业，有效提高产业市场核心竞争力，推动区域经济可持续、健康发展。除此之外，区域产业有必要借助计算机网络技术，逐渐将产业由劳动密集型转变为知识、技术、信息密集型，为产业健康发展提供保障。

加大计算机网络技术专业人才培养力度。如何利用计算机网络技术推动区域经济发展，关键在于专业技术人才。因此，区域经济发展中，有必要重视计算机网络技术专业人才培养。区域内各企业除了重视加强计算机软件研发与利用之外，还需要重视网络硬件的建设及数据处理技术的研究。所以，企业需要立足于现阶段人才培养现状，优化人才培养机制，为计算机网络技术助推区域经济发展提供人才保障。

政府扶持计算机网络技术发展。为充分发挥计算机网络技术应用价值，推动区域经济健康发展，政府有必要高度重视计算机网络技术的发展，以计算机网络技术为基础，合理规划区域内资源，并借助网络加强监管，及时解决计算机网络技术助推产业发展中的一系列问题，为区域经济稳定发展夯实技术基础。同时，政府需结合产业具体情况，利用纳税等渠道扶持高新技术产业发展。除此之外，为了加快计算机网络技术的发展，政府需要大力支持教育事业的发展，为计算机网络技术的发展培养出大量计算机专业高素质人才。同时，加强网络知识宣传，全面提高全民网络意识，促使人们高度重视网络产业的发展。另外，为了确保网络产业健康发展，需重视网络犯罪打击，营造一个健康的网络环境，推动区域网络产业健康发展。

计算机网络技术在社会各产业中的有效应用，具有多种现实意义，集中体现在优化区域经济发展结构、影响区域经济发展要素等方面。所以，区域经济发展中，为有效提高计算机网络技术应用价值，需重视计算机专业人才的培养，并制定相关扶持政策，推动区域经济健康、可持续发展。

第五节　计算机技术的创新过程探讨

计算机技术从诞生至今还不到 80 年的历史，但是计算机技术给人类社会带来的改变却是有目共睹的。随着我国经济的快速发展，科技不断进步，计算机技术不断发展，计算机的发展与运用给人们带来了很大方便，同时也对国家的科技发展起到促进作用。计算机的发展历程虽然没有太长，但技术的创新能力却是非常强大，从计算机的发展状况以及创新过程中我们可以看出，计算机的作用是不容小觑的。在经济、科技以及文化上计算机在发达国家中的发展非常明显，要想赶上发达国家的脚步，就要进行计算机技术广泛使用，并且实现不断创新与发展。本节从计算机的发展以及创新上研究，主要强调计算机在未来的发展展望，以及提高人们对计算机创新技术的认知程度。展示了纳米、多媒体、软件等方面的计算机技术发展要点，希望对计算机今后的创新发展有所启迪。

计算机技术的快速发展与应用，是计算机技术融入人类社会中的标志，结合社会的需求发挥出自己的优势，给人们的日常生活提供大便利。在技术丰富人们生活以及提高生产技术的同时，也让人类的建设发生巨大改变，特别是在计算机的创新技术发展上，让各个行业都能够进行深层次使用。计算机的优势有很多，它的创新能力强，自身的发展没有局限性，发展的趋势以及覆盖的面积都非常广，能够在各个领域中使用，为人们提供各种各样的便利。在经济快速发展的社会中，要发挥计算机的优势，就必须要从计算机的结构上入手，通过对技术环节的突破来达到计算机运用最大效果。从纳米技术、网络、多媒体等环节来达到创新，实现计算机技术的有效发展。

一、计算机当前的发展情况

目前的计算机发展侧重点在于纳米技术、结构等处理器上，想要做好计算机的推广与应用工作，就应该从这些技术上出发，才能够全面地掌握计算机技术。在计算机结构层次方面上，主要是对计算机技术的分割与重组，只有这样才能够提高计算机处理信息的能力。要通过计算机操作的表示来提高计算机在传输过程中的运行速度与质量。在纳米技术上的处理，就应该开辟一个纳米技术在电子行业上的使用功能，在性能上不断地提高它的能力，在计算机的未来发展中提供充分保障。在计算机的处理器技术上，主要是针对它的体积不断变小，不断提高运算效率，在微处理器的发展中能够限制它的尺寸。当前的信息处理技术与速度上已经达到了一个瓶颈，可以通过计算机的技术分割与重组来让数据得到更好的处理，在每个分割的数据段当中加入信息，在标志的数据发送之后，就可以对数据进行传输，这样才能够提高数据的通信效果。

二、计算机的未来发展趋势

纳米技术的不断发展。纳米实际上是一个长度单位，在计算机技术中融入纳米技术能够开辟新的结构功能，从质量上进行提升。实现结构与功能的共同进步，集成度大量提高，在性能不断发展的基础上，形成计算机未来发展的保证。在未来的计算机领域发展中，计算机的元件基本还是采用纳米技术，不仅能够打破电子元件本身存在的局限性，还能够制造一些与生物相关联的量子计算机，实现计算机性能不断发展的可能性。计算机的性能不断创新与发展，是未来的计算机发展主流，纳米技术不会受到计算机技术的限制，不管是在集成还是处理过程中纳米技术都可以正常进行，还能够实现生物计算机与量子计算机的储存能力提高运行速度提高的想法。

计算机在结构上不断创新。结构是计算机的灵魂骨干，也是计算机得到发展与突破的重要环节。计算机结构技术主要是对计算机的数据进行分割与重组，这样的方式能够提高计算机的数据处理能力。结构是具有很大优势的，能够对机体中的数据进行标记，通过这些标记来提高数据传输的准确性。一台计算机进行多种任务的分配，可以提高用户与计算机之间的关联，实现较大程度的合作。这样计算机的研究方向就可以从单体向群体过渡，增加计算机系统的可靠性，对于计算机计算的改善与创新上具有重大意义。

网络技术以及软件技术上有新的突破与发展。未来的计算机技术与网络技术的关系必然是越来越紧密的。计算机技术在网络上的发展主要是体现在计算机与网络之间的结合，形成网络云技术，促使网络与计算机技术之间的合作更加紧密，使计算机的数据与网络软件在服务器中运作更加方便。软件技术上的突破对计算机发展有很大作用，可以从内部的软件运行上进行完善，还能够从计算机的程序语言中进行改革，运用互联网的通信新技术，来协调计算机中的各项工作，促使在不同区域、不同领域的人使用的网络都能够相互连通，进行协调合作。微处理器是计算机的大脑，是计算机中的核心体系。微处理器从字面上理解就是越小越好，所以它的发展是不断减小其体积，提高运行的效率。微处理器是实现了量子效率，从速度上展现信息的处理技术。

计算机网络技术的创新与发展。推动计算机的网络创新能力发展，能够推动计算机的发展。要先对计算机的发展稳定性、显著性以及便捷性进行判断，才能够有效地进行计算机技术提升，不断地让计算机技术能够达到科学合理利用，并且让计算机技术与企业发展进行紧密结构，把传统的计算机技术发展与创新理念相结合，实现计算机技术的跨越发展。计算机的创新是一个持续的过程，不仅要推动计算机的创新文明发展，还要进行科技产品的创新。推动与企业相匹配的计算机创新技术，充分根据社会进步来发展计算机技术，计算机的发展也是建立在社会需求上的。

综上所述，从当前计算机发展的情况上看，就还不到80年的发展光阴，计算机技术虽然没有经过漫长的发展历史，但创新能力是不容小看的。短暂的时光中影响了无数人的生活，它的影响力堪比电话、电视等通信产品。本节从计算机的技术发展现状以及未来的发展预测，来证明计算机的发展前途是一片光明的，道路虽然没有那么顺畅，但依然具有很大的发展潜力。要想看到计算机发展的曙光，就要从计算机的结构框架出发，从任何一个方面去进行分析改革，为计算机未来的发展奠定基础，设立新的起点与环节，让计算机技术的应用在未来有广大的跨越。计算机的发展道路是非常广阔的，但前路还是充满艰辛，如果要看到光明的前景与价值，还是需要更多的研究与创新。在研究的过程中，要加强计算机技术的创新与维护，建立相应的保障体系，在计算机技术的基础上进行改革，实现全面发展。

第六节　通信技术与计算机技术创新

本节介绍了通信技术与计算机技术的概念和特点，阐述了通信技术与计算机技术的融合成果，如计算机通信技术、信息技术、蓝牙技术、远程通信技术、多媒体技术、信息库技术，并从培养和提升专业人才的业务素质、树立创新思维两方面入手，提出了促进通信技术与计算机技术融合的策略。展望了计算机通信技术的发展趋势，希望能够提升和丰富软件功能，充分挖掘资源利用率，实现更大化的资源共享，使计算机通信技术的价值和功能日益扩大。

一、通信技术与计算机技术的概念和特点

（一）通信技术的概念和特点

概念。早期社会中，国家之间、国家内部不同层级之间进行联系需要依靠信息传递。随着时代的发展，这种传递变得更加频繁，由此产生了邮驿制度。不同时代传递信息的方式有所不同，在古代用狼烟传递情报，有些国家用鼓点传递信息。如今，电子信息日益发达，信息传递实现了电子化，传递工具也是通过电子设备来完成的，通信技术日益高效与便捷。

通信技术是指快捷、准确和安全地通过网络传递不同类别信息的技术。信息技术的不断进步促进了通信技术的快速发展，其发展种类日益多样化，方式也不断改进，能够在时间与空间上安全、准确、快速地传递信息给用户。

特点。通信技术的主要特点是便捷性和高效性。随着通信技术的不断发展以及基础设施的不断完善，各地区间的交流越来越顺畅，通信技术的应用范围越来越广泛。现代通信技术在传递范围上不断扩大，同时还能够保证更高的质量和安全性。

（二）计算机技术的概念和特点

1. 概念

计算机技术是现代广泛使用的重要技术，主要指计算机在应用中使用的技术与方法。其主要内容包括计算机系统技术、器件技术、部件技术以及组装技术。计算机系统技术是其中最关键的技术，它分为结构技术、系统维护技术、系统管理技术以及系统应用技术等方面。

2. 特点

新时期计算机技术具有鲜明的特征：第一，可以自动运行程序。计算机技术能够自动执行编制好后的启动程序，完成任务。第二，运算速度更快。由于科技水平的飞速发展，计算机在运算速度方面不断提升，微型计算机可每秒运行几十万条指令，巨型计算机每秒可执行几十亿条指令。第三，运算精度更高。精确度可达到小数点后上亿位。第四，记忆存储功能强大。计算机存储器分为内存和外存，存储量可达到上百兆甚至千兆以上。

二、通信技术与计算机技术的融合成果

计算机通信技术。计算机通信技术的优势是传输效率较高，呼叫等待时间较短，抗干扰能力非常强，同时其通信形式具有较好的兼容性和多样性。计算机通信技术能够有效融合大容量和高速率的通信网络，提升了诸多领域的信息化发展水平，现已广泛应用于经济、生产、军事、教育以及日常生活的各个方面。数字化、网络化和信息化是计算机网络通信技术的核心，它标志着计算机数据处理与网络通信融合的信息时代的到来，未来其应用范围和领域将不断拓展，促进人类的进步与发展。

信息技术。信息技术的核心是计算机技术与通信技术，能使现代化高科技具有先导性和关键性。知识与信息资源经过计算机的转换，形成新的商品即知识产品，是通信技术的加工厂。随着经济的迅猛发展，信息化日益成熟，信息的更新与发展日益加快，新一代信息技术如云计算、互联网及物联网被广泛应用，使信息类型更加丰富和多样化，并且信息传递的时间逐渐缩短，提升了信息传递效率。

蓝牙技术。蓝牙技术是一种无线通信技术，其成本低、开放距离短，具有无线数据和声音的传输功能。传输距离在十几米范围内，蓝牙技术主要功能有蓝牙专用 IC 和通信协议线。

远程通信技术。各个终端设备是通过有线或者无线的方式相互连接的，通过这些方式可以拓展信息处理并提高传输性能，在无线通信技术中表现得尤为明显，为创建区域网络提供了更便利的条件，从而能够实现信息的远程传递，具有跨时间与空间的优势，充分发挥了其作用和价值。

多媒体技术。多媒体技术是通过计算机技术对多种信息进行综合处理从而形成人际交

互的功能。多媒体技术是计算机技术的产物，其核心控制设备即通信计算机设备，多媒体通信技术有多种表现形式，如远程会议、视频教学等。计算机的适用领域因多媒体技术而发生巨大改变，广泛应用于各个领域，如学校教育、生产管理、军事指挥、日常生活等。

信息库技术。利用计算机技术能够创建完整的数据库，有助于收集并整理所需信息，提升数据管理效率和质量，同时实现资源共享。常见的应用方式有电话购票、网络购票等，大大提高了工作效率。

三、促进通信技术与计算机技术融合的策略

培养和提升专业人才的业务素质。通信技术与计算机技术都是专业性较强的科学技术领域，两种技术的有效融合过程也是一个高端技术的研发过程，需要更多高端专业技术人才进行研发。因此，应该重视培养专业技术型人才，不断提升其业务素质和操作能力，以适应和满足社会发展的需要。此外，专业人才要提高自身的职业道德并树立创新观念。

树立创新思维。通信技术和计算机技术的有效融合提高了服务效率，能够更好地促进社会发展。在融合过程中要注重树立创新思维，使计算机通信技术不断适应新的环境变化，以创新促发展，满足社会发展的需要。

四、计算机通信技术发展趋势

计算机通信技术趋于多元化发展，能够提升和丰富软件功能，充分挖掘资源利用率，实现更大化的资源共享，使计算机通信技术的价值和功能日益扩大。总之，经济的迅猛发展，促进了通信技术与计算机技术的有效融合与共同发展。未来要继续拓展创新思路，不断开发创新途径，促进计算机通信技术的发展，更好地为社会服务。

第四章　计算机软件的测试技术

第一节　计算机软件测试概述

计算机软件测试与维护技术是确保计算机软件质量的最关键办法。计算机软件测试是增强计算机软件质量的重点所在，同时计算机软件测试技术也是开发计算机软件中最关键的技术手段。探究计算机软件的测试办法，有利于掌控计算机软件测试办法的好坏，通过详细的操作来改良计算机测试办法，提高计算机测试办法的可行性，进而提升计算机软件的质量。

一直以来，怎样提高软件产品质量都是人们关注的重点问题之一。软件测试是检测软件瑕疵的重要方法和手段，能够将软件潜在的技术缺陷和问题识别出来。出于不同的目的，有着不一样的软件测试办法。

一、计算机软件测试技术的概念

计算机软件测试技术就是让软件在特定环境下运行，并对软件的运行全进程展开详尽全方位的观察，并记录测试进程中得出的结果以及产生的问题。等到测试完成后，汇总软件不同层面的性能，最后给出评价。软件的测试类型可以从性能、可靠性、安全性进行划分。按照软件的用处、性质及测试项目的类型，通过测试计算机软件，可以快速发现与处理软件中存有的问题，使计算机系统更加完备。通过计算机软件测试的定义，可以得出计算机软件测试技术的意义与作用，将计算机系统中存有的问题全部暴露出来，再针对问题进行科学处理。首先，用户期望能发现并解决软件中存有的隐藏问题，且软件测试技术与用户的要求相吻合；其次，开发软件的工作人员期望能通过软件测试技术来证实自己开发的软件是科学合理的，不存在有毛病或者隐藏问题造成系统出错的情况。

二、计算机软件测试目的

当前，人们测试计算机软件的定义使用的是 20 世纪 70 年代的计算机软件测试，即所谓的软件测试是执行检查软件存在的瑕疵和漏洞的过程。这也就表明计算机软件测试的主要目的是检测出计算机软件存在的瑕疵和漏洞，而不是通过执行计算机软件测试程序证明计算机软件的正确性和高性能。计算机软件测试成功与否的标志主要是看通过测试有没有发现从未发现的错误。由于计算机软件的瑕疵和漏洞会随着时间和其他条件的变化而有所不同，因此在一定程度上我们所说的计算机软件的正确性是相对的，而不是绝对的。

三、计算机软件测试方法

（一）黑盒测试

黑盒测试不针对软件内部逻辑结构内容进行检测，它按照程序使用规范和要求来检测软件功能是否达到说明书介绍的效果。黑盒测试也称功能测试方法，它主要负责测试软件功能是否正常运行。在设计测试用例时，只需考虑软件基本功能即可，无需对其内部逻辑结构进行分析。测试用例必须对软件所有功能进行检测。黑盒测试可以将软件开发过程中漏掉的功能、接口、操作指令等问题检测出来，为程序员改进软件功能提供指导意见。

（二）白盒测试

计算机软件的白盒测试方式又称为计算机软件的逻辑驱动测试或者计算机软件的结构功能测试，测试计算机软件的代码和运行路径，以及软件运营进程中的全部路径。计算机软件在白盒测试时，测试人员要先调查计算机软件的总体结构，保证计算机软件的结构是完好的，通过逻辑驱动测试来获取计算机软件的运行速率及路径等相关数据，并加以剖析。在对计算机软件展开白盒测试时，还是存有一定的问题。如果计算机软件程序自身存有毛病，白盒是测试不出的，那么在测定进程中就找不出计算机软件的问题。如果计算机软件产生数据上的错误，那么计算机软件的白盒测试就难以将软件存有的问题测试出来。在测试软件时，还要依靠 JUnit Framework 等软件展开协助测试。

四、提高软件测试效率的方法

（一）尽早测试

在以往的测试中，由于测试时间较晚，管理者无法快速控制软件开发存有的风险，并且越晚越容易出现问题，最后修改时会增加每一个单位的资金投入。从成本学的层面来讲，控制资金与风险是很有必要的。想要快速处理此问题就要尽早检测，早发现早处理。首先我们要边开发边测试，在弄清楚客户的要求后，就要依据要求编制一个完整的软件测试计划，伴随剖析进程完成软件的测试。在开发软件时，开发人员要快速地对软件展开测试，并依据测试结果得出专业化的评测报告。这样，开发人员就可通过检测后的指标来适时调整软件，从而使管理者管理起来更容易。其次，要借助迭代的方式来开发软件，将以往软件开发的周期划分为不同的迭代周期。开发人员可以逐个检测每一个迭代周期，这样将系统测试发生的时间提前，同时降低了项目的风险及开发成本。最后，将以往的测试方式改为集中测试、系统测试和验收测试，将整体软件的测试划分为开发人员测试与系统测试这两个阶段。这样做的优点在于将软件的测试扩展至整个开发人员的工作进程。这样就将测试发生的时间提前，通过这样的测试办法可提高软件的测试质量，减少软件的测试资金投入。

（二）连续测试

连续测试的灵感来源于迭代检测方式。迭代方式就是将软件划分为不同的小部分来展开检测，这样开发的软件可划分为不同的小部分，也相对容易完成目标。在连续检测的进程中也是如此，在开发软件的进程中可将软件划分为小部分来逐一解决。其中这些小部分可划分为需求、设计、编码、集成、检测等一连串的开发行为。这些活动可将一些新功能集中起来。连续检测就是通过不间断检测的迭代方法来完成的，发觉软件中存有的问题，让问题能够快速得到处理，也可让管理者轻松控制软件的质量。

（三）自动化测试

检测整体软件的作用在于尽早测试、连续测试，实际上就是提前检测时间，快速发现问题。这种测试办法是相当繁杂的，要是仅利用人工来展开检测，很浪费人力资源，并且极容易产生错误。所以，智能化检测工具是不可缺少的。智能检测的关键是借助软件测试工具来完善软件测试流程，这个程序对各种检测都适用。

（四）培养人才

在我国软件事业的飞速推动下，一些高端企业将软件的质量监督与维护当作发展的重点。所以拥有一批测试能力强的专项人才、培养一批具备高素质的软件检测人员是我国软件公司发展的当务之急。这些人才可以为软件的开发提供完好的测试程序，使企业可以从容地展开软件的测试与开发。

总而言之，计算机软件测试可提高软件的性能，让计算机软件满足用户的要求，从而给用户提供更优质的服务。为了能拥有专业水准高的测试队伍，我国要注重培养软件测试专业人才。

五、多平台的计算机软件测试

（一）计算机软件多平台测试

就目前国内市场当中的计算机测试平台进行观察，这些平台在使用过程中或多或少都可能存在不尽如人意的地方。因此如果把软件只投放到一个软件测试平台开展测试，那么得到的测试结果必定是不全面的。因此这就需要软件开发商在多个计算机平台中开展软件测试活动。对于现有环境的软件开发企业来讲，开展多平台的软件测试有着非凡的意义，特别是在软件呈现多样化和复杂化的现在，软件不存在漏洞与错误是不现实的。必须要从各个方面着手，减少软件在使用过程中可能会对用户使用体验产生影响的缺陷。但是单一的软件测试平台测试是很难达到这一要求的，因此针对计算机软件测试，要采取多平台测试的方式，这是当前软件开发形势下，对于软件开发商所提出的硬性要求。

（二）进行多平台计算机软件测试的方法

从目前形势看，软件开发企业在进行软件的多平台测试过程到中，需要注意以下问题：首先是不同平台测试时，相关技术人员的协作问题。因为每一个测试平台都是由不同的软件开发商进行研发，因此相关人员在对这些软件测试平台进行使用的过程当中，会因为测试平台的不同，人与人之间对软件操作的适应性存在差异，这会让技术人员在正式开展对软件的测试工作时，相互配合出现问题。所以在开展实际测量时，技术人员需要对测试的方式进行统一。

技术人员在开展某一个计算机软件的多平台测试时，应首先对所测试软件的核心功能进行确定，如果软件的功能在开展测试时，对于平台没有要求，若存在有针对性测试平台，就需要对该测试平台进行优先选择，杜绝全部选择通用平台而造成的测试结果不全面的现象，并且能够在某种程度上增强软件测试效果。在使用一个平台测试完成之后，再开展另一个测试平台的软件测试。这种流程一直持续下去，直到后面的平台检测中都没发现问题，则软件的测试工作方可宣告结束。

针对计算机软件的多平台测试，能够有效地让软件开发商在软件使用过程中及时找出存在的问题和缺陷，并进行弥补，并给予用户最佳的使用体验。同时，该测试也能够减少软件检测人员的工作负荷，因此对软件的多平台测试值得进行深入研究。

第二节　计算机软件可靠性测试

随着社会科技的不断发展和进步，计算机软件产品的应用已经遍布了世界各个角落，它们与人类的生活息息相关，所以计算机软件的质量好坏是一件很重要的事情。本节将针对计算机软件的可靠性及其测试进行分析。

随着社会的进步，信息科学与技术得到了很大的发展。在如今的社会上，计算机软件已经被广泛地应用，各个领域范围都可以看见计算机软件的存在，它已经和我们人类的生活密切地联系在了一起。但是，计算机软件总是存在着一些问题和缺陷，这给人类的生活带来了不便甚至是危害。比如在国家的航空领域、军队作战领域、商业银行领域等重要领域，如果出现计算机软件的错误，带来的后果是不堪设想的，严重的情况下，可能会威胁到人们甚至一个国家的存亡。所以需要警惕起来，针对计算机软件的可靠性以及其测试需要进行分析，全面提高计算机软件的质量。

一、计算机软件的可靠性以及其可靠性测试的定义

（一）计算机软件的可靠性

计算机软件的可靠性是软件质量的基本要素。计算机软件的可靠性是指在一定的时间和条件下，软件不会使系统失效，并且在规定的时间范围内，计算机软件可以正常地执行其该有的功能。计算机软件运行的时间主要是软件工作以及挂起的总和，而在这软件运行的时间段里便是计算机软件可靠性的主要体现。计算机软件在其运行的环境当中，给予系统所需要的各种要素。当然，在不同的环境下，软件的可靠性也是不同的，它需要根据计算机的硬件、操作系统、数据格式、操作流程等从而产生随机的变量。另外，计算机软件的可靠性与规定的具体的任务也有关系，程序的选择不同，软件的可靠性也会随之改变。

（二）计算机软件可靠性测试

所谓计算机软件测试就是指在软件规定使用的环境当中，检测出软件的缺陷，验证是否可以达到用户可靠性要求的一种测试。在测试的过程当中，需要使用各种测试来进行其可靠性测试，需要有明确的测试目标，然后制定测试的方案，科学合理地实施整个测试的过程，最后需要对测试得到的相关数据和结果进行客观分析。进行这种测试目的在于两个方面，其一是为了发现计算机软件的缺陷，而另一方面是为软件的正常维护提供较为可靠的工作数据，同时对软件的可靠性进行定量的分析，从而确定其是否合格、是否可以进行推广。

二、计算机软件的可靠性测试的方法

就目前社会上所采用的计算机软件可靠性测试的方法可谓五花八门，但是总体来说可以分为四种：静态测试、动态测试、黑盒测试以及白盒测试。静态和动态测试主要是根据测试当中是否需要执行被测软件的角度出发，而黑盒以及白盒测试是根据测试当中是否需要针对计算机系统内部结构和具体实现算法的角度出发。

静态测试主要指的就是在测试的过程当中，并不实际地去运行被测试的软件，而是对计算机软件的代码、相关程序、文档以及界面可能会出现的错误进行相对地静态观察和分析。总的来说，静态测试主要就是对软件的代码、文档、界面进行测试。而动态测试和静态测试不同，它对计算机软件的运行和使用，并不仅仅停留在观察上，需要进行实际操作，

从而发现软件的缺陷。

所谓黑盒测试，就如它的名字一样，是把需要进行测试的软件当作一个黑盒子，我们不用去了解软件内部的结构，我们需要做的工作就是进行输入、接收输出、检验结果。黑盒子测试常常又被称作行为测试，因为测试的是软件在使用过程中的实际行为。在黑盒测试中，需要注意的地方是输入的时候，数据是否正常，输出的时候，结果是否正确，软件是否有异常的功能等。如果在测试的过程中，一旦发现或者出现程序上的错误，要及时核对输入以及输出条件可能会出现的数据错误，从而来保证软件中程序能够正常运行。

白盒测试当然就是和黑盒测试相反，它是需要打开被测软件内部的盒子，去分析和研究计算机软件的源代码还有自身的程序的分布结构。这种测试又可以称作结构测试。在白盒测试的过程当中，测试人员会充分了解软件内部工作的步骤和过程，可以清楚地知道软件内部各个部分工作的情况，看它们是否和预期的工作状况一致。白盒测试人员可以针对被测软件的结构特点以及性能来选择和设计相对应的测试用例，来检验软件测试的可靠性。

白盒测试主要是针对软件运行的所有的代码、分支、路径以及条件。这种测试的方式是目前比较流行的软件可靠性测试方法。它主要是针对逻辑驱动和软件运行的基本路径进行测试，这一点也是在软件认证领域得到了较为广泛地运用。在这种测试过程中，可以保证软件内部每个模块中独立的部分都可以在相应的路径下至少执行一次，从而最终确定软件中所用数据的真实可靠性。

本节主要是简略地介绍了计算机软件的可靠性以及可靠性测试的含义，还有计算机软件可靠性测试的基本方法。在现在这个科技发达的社会上，计算机软件测试的方法层出不穷，但是仍然会存在一些意想不到的问题，所以人们还需要不断学习和创新，从而创造出先进优秀的测试方法来提高计算机软件的可靠性。

第三节　计算机软件测试环节与深入应用

软件测试过程中，为了满足实际工作的需要，展开相关测试模式的协调是非常重要的，比如自动化测试模式、人工测试模式及静态测试模式等。通过对上述几种模式的应用，确保计算机软件测试体系的健全，实现其内部各个应用环节的协调。

一、关于计算机软件测试环节的分析

本书就白盒测试及其黑盒测试的相关环节展开分析，以满足当下工作的需要。黑盒测试也被我们称为功能测试，其主要是利用测试来对每一功能是否能够正常使用进行检测。在测试的过程中，我们将测试当作一个不可以打开的黑盒，完全不考虑其内部的特性及内部结构，只是在程序的接口测试。

在日常黑盒测试模式中，我们要根据用户需要，展开相关环节测试，确保满足其输入关系、输出关系、用户需求等，确保其整体测试体系健全。但是在现实生活中，受到其外部特性的影响，在黑盒测试模式中，其普遍存在一些漏洞，较常见的黑盒测试问题主要有界面错误、功能的遗漏及其数据库出错问题等，更容易出现黑盒测试过程中的性能错误、初始化错误等。在黑盒测试模式中，我们需要进行穷举法的利用，实现对各个输入法的有效测试，实现其程序测试过程中的各个错误问题的避免。因此，我们不仅要对合法输入进行测试，还要对不合法输入进行测试。完全测试是不可能实现的，实际的工作中我们多使用针对性测试，这主要是通过测试案例来指导测试的实施，进而确保有组织、按步骤、有计划地进行软件测试。在黑盒测试中，我们要做到能够加以量化，只有这样才能对软件质量进行保障。

在白盒测试模式中，我们需要明确其结构测试问题及其逻辑驱动测试问题，这是非常重要的一个应用问题。通过对程序内部结构的测试模式的应用，可以满足当下的程序检测的需要，实现其综合应用效益的提升。在程序检测过程中，通过对每一个通路工作细节的剖析，以满足当下的通路工作的需要。该模式需要进行被测程序的应用，利用其内部结构做好相关环节的准备工作。进行其整体逻辑路径的测试，针对其不同的点对其程序状态展开检查，进行预期效果的判定。

二、计算机软件的深入应用

（1）在计算机软件工程应用过程中，其需具备几个应用阶段，分别是程序设计环节、软件应用环节及其软件应用环节，通过对上述几个应用环节的剖析，进行当下的计算机科学技术理论的深入剖析、引导，从而确保其整体成本的控制，实现软件整体质量的优化，这是一个比较复杂的过程，需要引起我们的重视，实现该学科的综合性的应用。在软件工程应用过程中，其涉及的范围是比较广泛的，比如管理学、系统应用工程学、经济学等。受外部影响条件限制，软件开发需要经过几个应用阶段。通过软件工程这种方式，对软件进行生产，其过程和建筑工程以及机械工程有很大的相似性，好比一个建筑工程自开始到最后往往会经历设计、施工以及验收这三个阶段，而软件产品的生产中也存在着三个阶段：定义、开发以及维护。当然，在建筑工程及软件的开发阶段也存在着一些不同，比如，建筑工程的设计蓝图一旦形成之后，在其后续的流程中将不会有回溯问题，而在软件开发工程中，每一个步骤都有可能经历一次或多次的修改及适应回溯问题。

通过对应用软件开发模式的应用，可以满足当下的计算机开发的需要，比如对大型仿真训练软件的应用、对计算机辅助设计软件的应用，这需要相关人员的积极配合，进行应用软件的整体质量的优化，根据软件工作的相关原则及其设计思路，实现该工作环节的协调，实现其综合运作效益的提升。在该种软件开发模式中，我们要进行几个系统研究方法的应用，比如生命周期法、自动形式的系统开发法等。在生命周期法的应用过程中，需要明确下列几个问题，从时间的角度对软件定义、开发以及维护过程中的问题进行分解，使其成为几个小的阶段，在每个阶段开始及结束的时候都有非常严格的标准。这些标准是指在阶段结束的时候要交出质量比较高的文档。

（2）通过对原型法的应用，来满足当下工作需要。软件目标的优化需要做好相关环节的工作，实现其处理环节、输出环节及其输入环节的协调。在此应用模块中，要按照相关方法进行系统适用性、处理算法效果的提升，实现对上述应用模式的深入认识。这需要研究原型的具体模式、工作原型、纸上原型等，利用这些模型可以就软件的一些问题展开解决。至于工作原型则是在计算机上执行软件的一部分功能，帮助用户理解即将被开发的程序；而现有模型则是通过现成的、可运行的程序完成所需的功能，不过其中一部分是在新开发基础上改善。在利用原型法进行开发的过程中，主要可以分为可行性研究阶段、对系统基本要求进行确定阶段、建造原始系统阶段等。

本节限于篇幅，仅对最重要的一些问题进行较为表面的探讨。我们要想真正地做好这一工作，还需要加强自身的学习和探索。

第四节　嵌入式计算机软件测试关键技术

随着我国社会经济和科学技术的飞速发展，计算机科学技术处于蓬勃发展的时期，这也带动了嵌入式计算机软件测试系统的结构和软件架构发展，其核心技术更是带动行业发展的重要力量，软件运行的可靠性和使用度得到了各行各业的重视。本节通过对嵌入式计算机软件测试系统的意义进行讨论，研究嵌入式计算机软件测试中的关键技术，来提升嵌入式计算机软件测试的质量与水平，为进一步发展软件测试技术提供新的方向和技术。

近年来人们对计算机科学技术的需求不断上升，同时行业对软件测试系统的质量和性能的要求也不断提高，这就要求了嵌入式计算机软件测试技术不断进行创造和革新，以适应行业日益增长的高要求和高需求。嵌入式软件测试系统的重点在于检测软件质量。嵌入式计算机软件测试技术的应用范围越来越广，系统也变得更加复杂，这就要求人们必须加强对嵌入式计算机软件测试系统的开发，以适应社会发展。

一、嵌入式计算机软件测试系统的基本概述

嵌入式计算机一般是将宿主机和目标机相连接，宿主机是通用平台，目标机则是具有给嵌入式计算机系统提供运行平台的作用，两者之间进行相互作用、共同工作，确保系统可以正常平稳运行。其工作的基础就是利用计算机进行软件的编译和处理，目标机器再把编译好的软件下载，进而发挥出数据传输以及软件运行的基本功能。

由于嵌入式系统的自身特点，例如与宿主机相匹配，嵌入式计算机作为宿主机的组成部分，需在体积、重量、形状等方面满足宿主机的要求；模块化设计，采用可以相互使用、重复使用的硬件和软件，大大降低成本。伴随着嵌入式计算机软件的适用范围不断扩大，不断提高软件的复杂程度，软件的测试难度也随之提升，在测试中需要不断地切换宿主机和目标机。此外由于目标机需要大量时间与资金，而宿主机则不需要考虑这些，尤其是成本问题，科研人员正尝试将测试的方法进行改变，争取使测试只借助宿主机就能完成，进一步节省人力物力，有利于嵌入式计算机软件测试的全面发展。

二、宿主机的测试技术

首先是静态测试技术，将需要测试的对象放入系统中，对各类数据进行分析，进而追踪源码，进一步确定出依据源码绘制的程序逻辑图和嵌入式计算机系统软件的相应的程序结构。静态测试技术的优点是可以实现各种图形之间的转换，例如框架图、逻辑图、流程图等。这就改善了传统用人工来进行测试所带来的出错率大、效率低下的问题。静态测既试技术在工作时，不需要对每台机器进行检测，只要凭借数据就能判断出系统的错误，既方便了操作，又节省了时间。况且随着技术的发展，嵌入式计算机测试软件变得复杂，其开发工作不再是工程师可以完成的，并且软件的原始数据是分散地存储在多个计算机系统中，以人工来完成嵌入式计算机软件的测试是不可能的。另一个技术则是动态测试技术。它的测试对象是软件代码，主要功能是检测软件代码的执行能力是否达到要求。动态测试技术的优点是可以找出软件中不足，便于有针对性地进行调节。此外还可以检测软件的测试情况，研究其中已经开发完成的数据，检测其完整性。同时，动态检测技术可以对软件中的函数进行分析，将每种元素的分配情况根据其内存显示出来。

三、目标机的测试技术

首先是内存分析技术，由于嵌入式计算机存在内存小的问题，因而利用内存分析技术进行检测可以轻易确定其中问题部分。而且由于内存问题，嵌入式计算机软件发生故障的次数较多，进而无法进行二次分布，对数据信息造成影响，使其失去时效性。因此，利用内存分析技术可以检测内存分布的情况，找出错误的原因，针对其错误进行有目的的改正。一般情况下，对内存进行检测可以利用硬件分析的方法，但这种方式花费高、耗时较长，且易受到环境因素等外在条件的干扰，同时，进行软件分析时也会妨碍计算机的代码与内存的运行。所以在对计算机内存进行研究时，可根据测试的需要，合理选择正确的方法，使内存分析技术发挥出最好的功效。其次是故障注入技术。嵌入式计算机软件处于运行状态时，可以依靠人工的方式来进行设置，这就要求目标机的各类部件功能有所保障，可以使软件按照设置的时间和方式进行。而利用故障注入技术对目标机进行测试，可以有针对地测试目标机的某个性能，只测试其中一个部分，例如边界测试、强度测试等。采取这个方法不仅降低了计算机软件的使用成本，更是将嵌入式计算机的运行状态清晰地表示出来，方便了操作和观察。

最后一项是性能分析技术，其主要作用是对嵌入式计算机系统软件的性能进行测试，以保证功能的稳定性。嵌入式系统能否正常运行很大程度上是取决于程序性能的优异，性能分析技术就可以很好地解决这一问题，它可以对程序的性能进行分析，发现其中存在的问题，找出造成该问题的根源，有针对性地解决问题，减少了查找问题的时间，大大提高了工作效率，进一步加强了嵌入式计算机软件的质量。

综上所述，在计算机技术日益发展的今天，嵌入式计算机软件的适用范围不断扩大，将会应用于方方面面。而这就对其稳定性有了较高的要求，人们要对其进行测试，确保目标机和宿主机可以稳定运行，才能保证嵌入式计算机系统的质量，有助于嵌入式计算机软件测试技术的发展。

第五节　三取二安全计算机平台测试软件设计

本节重点描述三取二安全计算机平台核心功能的测试软件的设计，主要分为4个部分，即三取二功能测试设计、网口和串口通信功能测试设计、DIO驱动和采集功能测试设计、板卡工作状态和报警功能测试设计。

一、三取二功能测试设计

三取二功能是指三块独立的MPU板分别获取DI的采集信号和COM板传来的应用数据，然后三块MPU板就像三台独立的计算机分别对输入的对象进行处理，然后将各自的处理结果两两表决，至少有两组表决结果一致时才将处理结果输出到DO板驱动继电器工作或输出到COM板将处理数据再反馈给应用程序。在处理中，如果有一组表决结果与其他两组不一致，则本板处理结果不输出，当达到一定次数后本板断电；如果三组数据两两表决不一致，则都不输出，当达到一定次数后平台整体下电，导向安全。

三取二功能测试设计流程是：获取应用报文（定义为3种数据，0、1和空值）发送给MPU板，MPU板内部程序对应用报文进行处理，并两两相互表决处理结果，然后根据三取二的功能定义，输出表决结果，该工具获取表决结果并显示在界面上。其中，根据界面上选择的数据不同，会形成不同的测试场景，如选择001，则表决结果输出为0，当达到一定次数后，输入1的MPU板将下电，导向安全。

二、网口和串口通信功能测试设计

网口和串口通信功能是指外部数据通过COM板（每块COM板有4个网口和4个串口）

将数据传输到 MPU 板，MPU 板上运行的应用程序对数据进行处理，然后将处理后的数据再通过 COM 板输出，其中两块 COM 板为热备。

网口和串口通信功能测试设计流程是：获取发送报文的类型（定义为 UDP 广播、UDP 组播、UDP 单播三种类型），收发数据的网口，发送报文的间隔，超时间隔和报文长度等参数，然后按这些参数组成不同的报文发送给 MPU 板，同时记录发送报文的内容、数量和序列号。MPU 板内部程序对应用报文进行处理并输出表决结果，测试工具根据接收的表决数据，逐一比对报文的内容和序列号，如果有一项错误则判为丢包，然后自动统计和实时显示每个网口的发包数、收包数和总丢包数。如果选择序列号比较，则只比对序列号不比对内容，以考验其数据处理能力；如果选择错误数据选项，则发送错误的报文，以考验其容错能力。同时测试软件可以部署在多个测试机上，保证测试机的性能不会成为数据处理的瓶颈。

三、DIO 驱动和采集功能测试设计

DIO 驱动和采集（简称驱采）功能是根据测试工具下发的断开或者吸合的指令驱动DO 板工作，控制继电器处于断开或者吸合状态，然后 DI 板将继电器当前的状态回采，并判断驱动与采集的一致性，同时根据应用的需要，可以通过 GATE 板增加 DIO 的点数。

DIO 驱动和采集功能测试设计流程是：首先判断是手动驱采还是自动驱采，如果是手动驱采，则读取驱动的点数范围、发送间隔和断开或者吸合指令，然后发送给 MPU 板，MPU 板上内部程序对指令报文和驱采进行处理，专用工具实时显示驱采的结果，如果驱采不一致则显示在日志框中；如果是自动驱采，则按一定的时间间隔循环发送断开和吸合指令，并覆盖定义范围内的驱动点数，剩余过程与手动驱采相同，这样可以保证平台一直处于工作状态，以验证平台的可靠性。

四、板卡工作状态和报警功能测试设计

板卡工作状态和报警功能是指 MPU 自动将各板卡的工作状态（定义为工作状态、故障态和离位态上报，测试工具根据上报的内容实时显示其工作状态，如果是离位状态则报警并记录发生的次数和时间。

综上所述，三取二安全计算机平台测试工具是经过实践证明的第三方安全认证公司认可的一款测试软件，具有一定的设计创新性，不仅测试了该平台功能的正确性和系统可靠性，还为产品的开发节约了成本，缩短了研发工期。

第六节 软件测试在 Web 开发中的应用

Web 开发不仅存在于网页应用中，并且在促进计算机网络发展的过程中起到了很重要的作用，结合实际开发中遇到的开发质量及开发应用等问题，本节结合 Web 开发应用中的实际情况，分析了软件测试的特点、方法及必要性，有利于更好地促进 Web 开发。

一、软件测试对于 Web 开发的必要性

随着信息化的不断发展，以及 HTML5 和 Javascript 等开发语言的广泛应用，网页极大地丰富了人们的生活。但是在 Web 的开发过程中，由于各种因素的影响，并不能使项目的开发质量得到很好的保证。基于这一目标，编程过程中及时地进行合理的测试，能够尽量避免项目上线后一些错误的发生，同时也能使程序员的工作效率得到更大的提升。正因为如此，现在互联网产品开发的过程中，软件测试成为必不可少的一部分。同样在 Web 开发的过程中，软件测试也对提高其开发质量有着很重要的作用，所以对于 Web 开发来说，软件测试有着重要的意义。

二、软件测试与 Web 开发特点解析

（一）软件测试功能特点

在互联网相关产品开发的过程中，不论是软件开发、Web 开发、APP 开发，软件测试存在于整个项目的开发过程中，在确定开发目标之后，同时也需要针对开发目标、开发过程做出对应的测试计划。这样不仅能够保证产品上线后状态良好地运行，同时也能更好地满足用户的开发需求。软件测试目前根据特征分为代码质量检测和性能指标测试。

（二）Web 开发特点及容易存在的问题

互联网产品中，展现在大众眼前的，通常是可见的网页形式。Web 开发作为网页的实现方式，在信息技术不断发展的过程中，Web 的开发技术也越来越丰富，这使工作者的工作效率和能力都得到了很大提升，并且由于信息化的普及与软件可视化操作的发展，普通人员也可制作简单的网页。

三、软件测试在 Web 开发中的应用分析及优点

（一）代码质量检测

在 Web 开发中，项目质量的提高需要依靠代码质量的检测，在开发过程中根据编程语言的不同，尽可能独立安排测试人员对代码进行常见问题的排查。对于代码的融合性来说，代码的交叉测试有着重要的作用。项目开发初期既要为后期的测试进行准备，在开发人员进行项目编程的过程中，同时应安排对应的测试人员，这样才可以避免后期问题过多导致处理起来更加困难的情况发生。

（二）软件性能测试及计划制订的必要性

在互联网产品开发的过程中，为了保证项目的质量，需要按照科学的测试方式来进行。Web 开发中主要分为黑盒测试和白盒测试两种。黑盒在检测代码结构以外，还需要针对性地进行功能的检测等。白盒测试则要求测试人员在了解项目代码基础的情况下，针对代码框架和语言进行测试。测试需要根据一定的规范进行。

互联网技术发展至今，不管对于开发者还是客户来说，对于项目的要求，已经不只是实现功能即可，项目的代码质量也逐渐受到重视。所以在 Web 开发过程中，软件测试需要一个严格且全面的测试计划，通过计划对项目的实用性、安全性、稳定性、友好性进行多方面的测试，才可以使项目质量得到提高。在测试过程中，可以根据模块进行划分，并且配合专业的测试人员进行测试，随后根据项目的开发流程，进行由单元化到集成化的测试，最后进行确认及系统的测试。通过合理的测试管理，配合专业的测试人员，软件测试可以有条不紊且高效地进行。

（三）客户端及服务器性能测试

产品的最终使用对象为客户，或者客户的客户，那么就需要开发者在保证其功能正常使用的情况下，也需要有关于兼容性和稳定性方面的测试，同时对于内容展示是否正常、界面交互是否友好、表单提交信息的合格性都需要进行多角度的测试。根据不断收集到的测试结果对产品进行调整，使产品质量得到提高。

在保证客户端正常且稳定的运行之后，也需要对产品所在的服务器进行系统性能、应用程序、中间件服务器的监控，在保证服务器硬件正常的情况下，可针对性地在服务器上安装相应的监控软件。在软件测试的过程中，可以对应用程序、服务器性能进行分析，配合一些压力测试，根据分析结果进行产品调整之后使用户在使用产品时得到更加流畅的体验。

（四）安全性检测

互联网在人们生活中占据了极大的部分，使任何开发者在进行产品的开发过程中，都需要保证产品的安全性，使用户在使用的过程中不必担心个人的信息遭到泄露。在项目的开发过程中，软件测试需要不断配合开发者进行测试，检测开发者的编写方式是否规范、逻辑是否合理，同时检测内存是否得到及时的释放，这样可以从根源上减少后期项目上线之后可能发生的一些安全问题。

项目上线之前，软件测试存在于项目的整个开发过程中，项目上线之后，用户使用过程中，也需要时刻关注产品所在服务器的安全问题，针对性地做一些安全策略方面的设置或者安装防御系数较高的安全类软件，使用户在使用产品的过程中，不仅在客户端保证信息的安全性，同时如有需要提交到服务器上的信息也可以得到安全性的保障。

在 Web 开发过程中，软件测试工作可以在保证其功能完善的前提下，提高项目的开发质量，将规范且科学化的测试方法应用到 Web 开发中，可有效提高 Web 开发的效率。本节针对软件测试在 Web 开发中的应用，以及软件测试的特点，表明软件测试在 Web 开发过程中是必不可缺的部分。

第五章　计算机信息化技术

第一节　计算机信息化技术的风险防控

目前计算机信息化技术已经在各行各业中得到了广泛的应用，并且对人们的生产生活方式产生了巨大的影响。随着相关技术的不断发展，尤其是 5G 技术的应用，计算机信息化技术将发挥更加积极的作用。但同时计算机信息化技术也存在一定的安全风险，必须要加强风险防控措施，确保计算机信息化技术的有效应用。基于此，本节对计算机信息化技术风险防控的相关内容进行了简单分析。

计算机信息化技术的应用能够对资源进行合理、高效的配置，全面提高生产和管理效率，使各个领域的经济效益明显增加。同时计算机信息化技术的应用还为教育创新、管理方式优化等提供了有力的支持。对于计算机信息化技术的安全风险问题，必须要从多个方面采取措施进行防控，保障计算机信息化技术的综合效能达到最优。

一、计算机信息化技术的主要安全风险问题

目前计算机信息化技术在应用过程中的安全风险问题主要有以下几个方面。一是外来入侵风险。由于计算机信息化技术是基于信息网络进行数据通信和信息共享的，因此不可避免地会受到黑客和计算机病毒的恶意攻击。这种外来入侵风险是基于计算机技术和网络技术的专业攻击，具有一定的技术性和针对性，是计算机信息化技术安全风险防控的重点。二是网站安全管理技术落后。计算机信息化技术在应用过程中需要采用相应的、专业的信息安全管理技术来保障信息和数据的安全，如果安全技术缺失或者落后，会严重影响计算机信息化技术的重要应用安全，出现信息泄露、恶意篡改等问题。这同时也是计算机信息化技术安全风险防控的关键问题。三是人为因素的影响。这主要是指没有按照计算机信息化技术的应用规范进行操作，或者是主观安全风险防控意识不强造成的安全风险问题，是必需要解决的重要问题。

二、计算机信息化技术安全风险防控的对策和措施

结合计算机信息化技术的应用实际，建议从以下几个方面采取措施，解决计算机信息

化技术的安全风险问题，强化计算机信息化技术安全风险防控。

（一）强化计算机信息化技术的安全管理

面对随时可能发生的外来入侵安全威胁，要通过加强安全管理来应对，具体地说，要做好以下几个方面的工作。一是加强计算机信息化技术管理与信息安全管理，制定相应的应急处理预案，一旦出现问题能够及时采取措施解决。二是设置计算机信息化技术应用的安全防护软件，使用计算机安全保护系统，加强网络平台的安全防护。三是加大对网站安全的检测力度，及时更新计算机安全防护软件，对于发现的系统安全漏洞要进行及时的处理，对计算机信息化技术应用体系进行定期的杀毒，为计算机信息化技术的应用创造安全的环境。例如在网站修复管理方面，购买正规渠道的杀毒软件，将其安装到计算机上并进行定期的维护、升级，保障计算机软件良好杀毒性能，提高计算机信息化技术应用的安全。

（二）构建风险预警管理系统

构建风险预警管理系统是计算机信息化技术安全风险防控的重要措施。在计算机信息化技术应用的基础上构建相应的预警系统，对外来风险进行预警。例如在电子商务领域中，当电商交易双方在交易过程中受到病毒攻击可能出现信息泄露或者影响交易行为的时候，预警系统就能够向交易双方发出警示，提醒交易双方更加谨慎地进行交易。同时预警系统还具备病毒清理和漏洞修补的功能，能够对计算机信息化技术应用环境进行净化，保证计算机信息化技术发挥积极作用。

（三）做好安全规划工作

计算机信息化技术已经在各行各业中得到了广泛的应用，为了保障技术应用安全，除了要做好安全管理和风险预警之外，更重要的是要根据计算机信息化技术应用的实际，提前做好风险评估，落实安全规划。例如计算机信息化技术在企业管理中的应用，要结合企业的发展管理目标和经营计划制定计算机信息化技术的安全管理方案，包括提高企业员工的技术应用安全意识、规范企业员工的信息化技术操作等，避免人为操作失误导致的计算机信息化技术安全风险。针对机密信息的管理中要规定操作者的范围，明确管理者的权限，并且通过动态密码和身份验证双重管理方式来保证机密信息和数据的安全。另外，还要针对浏览垃圾网站、泄露个人信息等行为进行相应的规定，全面做好安全规划工作。

（四）加大风险防控投入力度

加大计算机信息化技术风险防控工作投入是有效的风险防控措施之一。一方面，要加大资金投入，引进高质量、先进的硬件设施设备，购买安全软件、杀毒软件，为计算机安装防火墙。同时还要对内部信息化管理软件进行定期的升级和更新，多个角度保障软件的使用安全。另一方面，要加大人力投入。健全计算机信息化技术安全应用培训，同时引进专业的计算机技术人才，为计算机信息化技术安全应用构建良好的人力保障。

为了保障计算机信息化技术在各领域发展方面发挥积极作用，必须要做好风险防控工作，加强安全管理，构建风险预警系统，做好安全规划，加大投入力度，不断优化计算机信息化技术的应用环境，保证计算机信息化技术安全。

第二节　计算机信息化技术应用及发展前景

计算机信息化技术包括通信技术、互联网、数据库等。它广泛应用于社会生活的各个方面，为人类的生活带来了极大的便利。随着时代的不断进步，我国的计算机技术也得到了全面的发展，人们的生活发展都依赖着计算机信息化技术，发展计算机信息化技术并探索其发展前景对推动社会进步意义深远。本节就计算机信息化技术在社会上各个方面的应用，以及在未来发展前景等方面做简要的探讨。

一、计算机信息化技术的发展现况

（一）与社会经济发展相得益彰

计算机信息化技术的发展一定程度上取决于社会经济的发展，它们之间的关系是密不可分的。由于社会经济的不断发展，人们对于计算机信息化技术的要求也在不断地提高。这在一定程度上将计算机信息化技术与经济发展相结合，例如计算机信息化的数据处理技术和运算能力的不断提高，对我国经济的快速发展起着不可估量的作用。当今社会，只有不断提高经济的发展水平，才能推动社会的进步，才能将先进的技术从国外引进来，并加以研究与开发。

（二）计算机信息化技术应用不平衡

由于受地区经济发展水平的限制，各地区使用计算机信息化技术存在着很大的不平衡性。发达地区因为经济发展水平高，将计算机信息化技术应用于企业发展的机会就相对较多，对于企业的发展也好，相反，因为地区经济发展的落后，很多企业在很大程度上不能够将计算机信息化技术应用在企业发展中，企业的发展前景也就相对较差。因此，发展计算机信息化技术，必须要国家统筹地区发展、缩小差距，这样才能够将计算机信息化技术广泛应用于各个地区，共同推进社会的经济发展和进步。

二、计算机信息化技术的应用

（一）在企业的应用

在企业工作中运用计算机信息化技术主要是想通过计算机呈现出的市场信息把握市场

动态，进而抓住企业发展的机会，使企业在激烈的市场竞争中立于不败之地。例如，计算机信息化技术可以在保护用户数据和信息安全的前提下，通过精准无误地把握客户的特点将重要的客户信息带给企业。再者，企业也可以通过计算机视频信息化处理技术开展视频会议而解决受地域限制难以随时随地进行的交流和讨论。它不仅大大提高了企业员工的工作效率，也促进了企业的发展。

（二）在教育方面的应用

计算机信息化技术在教育方面也得到了广泛的应用，并对教育的发展起着尤为重要的作用。对任课老师而言，他们可以利用计算机信息化技术进行多媒体网上教学，这样不仅节省了老师上课板书的时间，而且可以通过图片展示、视频放映的方式丰富课堂教学模式，进而提高课堂效率。对学生而言，学生可以在学习过程中通过互联网进行网上资料查阅，也可以下载各种各样的学习软件进行多方面的学习，不断增加自己的阅历、丰富知识。计算机信息化技术的应用，对平衡教育资源的分布也起着不可或缺的重要作用，比如在偏远的落后地区，由于经济受限，孩子们受教育受阻，都可以通过网上学习来达到受教育的目的。

三、计算机信息化技术的未来发展趋势

（一）走向网络化

随着计算机的不断普及，计算机信息化技术在不断地进步与发展，全民上网已成了一个必然的社会发展趋势，未来社会人们将普遍生活在一个网络圈中。与此同时，互联网经济的出现与发展也得益于计算机信息化技术的应用与发展。以往的实体经济在互联网经济的竞争下也在走下坡路。现如今，线上经济在人民的生活中占据着重要的位置，人们越来越习惯于线上购物。在日益繁忙的当今社会，人们足不出户就能买到自己心仪的物品，何尝不是一件既方便又省时的事情？

（二）走向智能化

如今的时代是一个智能化时代，智能化时代的出现离不开计算机信息化技术的发展。计算机的发展带动着科技的不断进步，科技的进步为智能时代的到来起着奠基性的作用。随着智能手机的普及，人们可以实现一机在手、说走就走的愿望。2018年，人工智能专业也在南京大学首次开设，这是用实际行动证明我们的智能时代真的到来了。智能手机发展如此迅速，计算机信息化技术也不会落后于社会发展的潮流，它会朝着智能化不断迈进。在未来社会发展中，计算机智能信息化技术也占据着一席之地，为人类的进步贡献出自己的力量。

（三）走向服务化

任何科技的发展都以服务于人类社会为主要目的。计算机信息化技术在未来走向服务化也是它不断发展的一个趋势。机器人的研究与发展就是借助计算机信息化技术，它们通过向机器人的系统中输入数据，并通过计算机在后台进行控制，使其能够像正常人类一样从事工作，服务于社会。而在未来，随着我们人类的工作逐渐由机器人替代，将出现更加高端的并且机器人无可取代的职业。计算机信息化技术的发展将会制造更加利于社会发展、服务于社会的机器人来代替人类从事劳动。

计算机信息化技术在社会生活的各个方面都得到了广泛的应用，它的发展前景是非常乐观的。而且，随着社会的不断发展，计算机信息化技术也会逐渐地完善，它在推动经济发展、社会进步方面发挥着越来越重要的作用，无论是在生活中，还是在工作学习中，我们都离不开计算机及计算机信息化这一技术的发展。未来社会，随着智能化的不断推进，我们越来越依赖于计算机信息化技术的应用与研究。它能够指引社会的发展方向，推动社会的进步。

第三节　计算机信息技术中的虚拟化技术

本节介绍计算机虚拟化的技术原理和工作模式，如桥接模式、转换网络地址模式、主机模式。分析虚拟化技术的实际应用、计算机虚拟技术现状与不足，探讨虚拟技术应用能力的提高，以期凸显虚拟技术的价值，满足社会大众需求，更好地促进社会的进步与发展。

计算机技术是信息领域的重要工具，是信息产业发展的重要组成部分，在社会与经济发展中起到举足轻重的作用。计算机是人们生活和工作的重要工具，在社会的各个领域都普遍应用。人们的生产和生活离不开计算机的运用。信息技术的不断更新与发展，为人类社会的进步和生活效率的提高做出了重要贡献。在日益激烈的竞争中，计算机技术在不断升级与更新，人们通过信息网络的使用能够不断提高工作效率，因此，计算机技术的应用也是在不断地遵循和掌握市场的趋势来发展的。我们能够及时掌握新的信息技术与原理，会更有利于开展工作。

一、计算机虚拟化技术原理

虚拟化技术的应用需要计算机技术的支持。计算机技术对于虚拟化技术的支持力度是有差异性的，要经过验证系统的管理程序，确保计算机系统的管理程序对虚拟化技术支持的吻合度，才能够确定机器对于虚拟化技术应用的支持。系统管理程序包括操作系统和平台硬件；如果系统管理程序具备操作系统的作用，也可以称为主机操作系统。虚拟机是指客户操作系统，虚拟机之间是相互隔离的，并非所有的机器硬件都支持虚拟化技术，会因产生不同含义的指令而导致不同的结果。同时，在执行系统管理程序时，需要设定一个可用范围来保护该系统，这是针对虚拟化技术采用的措施和方案。还要进行扫描执行代码，以确保执行系统的正确性。

二、计算机虚拟化的工作模式

（一）桥接模式

在一个局域网的虚拟服务器中建立相应的虚拟软件，不同的网络服务应用于所在的局域网中，为用户带来了很大的便利。将虚拟系统相当于主机进行工作，连接不同的设备，同时，分配好网络地址、网关以及子网掩码，其分配模式与实际使用中的装备相类似。

（二）转换网络地址模式

有效利用网络地址转换方式，能够在不需要手工配置的情况下对互联网进行相应的访问。这种模式的主要优势是：在不需要其他配置的情况下，比较容易接入互联网，只需确保宿主机能正常访问互联网就可以。宿主机与路由器具有相同的作用，进行网络连接，有效运用路由器是十分简便的方式，而虚拟系统等同于现实生活中的一部计算机，获得网络参数的途径是利用 DHCP。

（三）主机模式

在虚拟与现实需要明确划分的特殊环境里，采用主机模式是必不可少的步骤。这种模式的操作原理是：能够使虚拟系统互访。由于虚拟系统操作与现实系统操作是分离的，在这种情况下，虚拟系统无法对互联网进行直接访问。在主机模式中，虚拟系统可以完成与宿主机的互相访问，相当于将二者用双绞线连接。由此可知，在不同的环境和需求下，所采用的操作模式也各有差异，要针对不同模式的不同特征，有效发挥其最大的作用。

三、虚拟化技术的实际应用

计算机网络技术迅速发展，其优势与应用日益突出，在不断发展与进步的同时，计算机虚拟技术的发展也在不断更新与进步。通过公用的网络通道来打开特定的数据通道，以此来配置和分享所有的功能信息与资源。例如，所采用的虚拟化服务器技术，它的主要原理是利用虚拟化软件完成不同系统的共同运行及使用，系统进行选择时不需要再一次启动计算机，由此可以看出，虚拟技术的应用对人们学习与生活的影响意义重大。虚拟技术在维护和修理方面所花费的成本较低，同时，其发展日益多元化，应用范围更广泛，一些学校、医院和企事业单位均在应用虚拟化技术。在一个企业中，采用虚拟网络技术能够在不同科室之间进行分享与交流，给人们的工作带来了更多的便捷。在交流与分享信息时，可控制虚拟广播中所需数据的流量，而不需要更改网站的运行，只要操作好企业内部的计算机虚拟网络就可以了。由此可见，虚拟化技术促进了系统能力的有效提升，同时，提高了企业的管理水平和工作效率。另外，计算机虚拟拨号技术的有效运用，有效地实现了组网。这种信息技术已广泛地应用在福利彩票的销售中，体现出了强大的作用和价值，能够保持每天 24 小时售票，而且操作简单易懂。这种信息技术打破了传统的工作模式，优化了福彩的销售方式，同时也保证了数据传输的速度。

四、计算机虚拟技术的现状与不足

随着社会的不断发展与进步，计算机网络不断增加数据流量。在人们的实际生活中，服务器的需求量更大。在建设网络过程中，为了确保其发展趋势能够满足社会的需求，网络虚拟技术的应用中出现了不同的品牌与配置技术，会造成设备在运行操作中损耗巨大的功率，从而增加管理成本。另外，服务器资源的利用效率不高，大概为 20%。因此，发展虚拟化技术的前提条件是提高服务器的利用率，只有这样，才能确保服务器的可靠性，以此带来较高的资源利用率。

五、虚拟技术应用能力的提高

分析计算机技术中虚拟技术发展的主要因素，以此提高其应用能力。详细地了解虚拟技术后，再认真分析，并采取以下的相应措施。第一，要构建好虚拟技术的开发环境，深刻理解与认知现阶段信息技术的先进理念，构建一个适合于虚拟技术有效应用的环境，确保其具备良好的发展空间，这是计算机虚拟技术进步的关键。第二，有效提高系统的安全性。安全性的有效保证会受到更多人的支持与青睐，因此，全面考虑消除计算机技术在虚拟技术应用中存在的安全隐患，确保其具有较强的安全性，为用户提供安全保障。第三，整合资源。在品牌和配置不统一的情况下，设备的损耗会加大。因此，完善与统一品牌的配置，才能够控制和降低成本，推动虚拟技术更好地发展。

通过详细阐述计算机虚拟技术原理、工作模式和其运行方式以及分析计算机虚拟技术存在的不足与现状，不断分析原因，在更新与发展中创新思路，为满足社会大众的需求，有效发挥其最大的价值。社会的进步与发展使虚拟技术的发展与价值日益凸显，对社会发展具有重要的作用和意义，更多地服务于人们，促进社会更好地发展。

第四节　计算机信息技术的自动化改造

传统办公的模式在当下已经不能满足人们对办公处理的需求，正逐渐退出历史舞台，以计算机为主要载体的自动化办公开始得到普及。相较传统的办公模式，自动化办公是一种全新的办公处理方式，利用计算机为主体的先进的技术设备，极大提高了办公工作效率；

在信息交流方面，办公自动化打破了传统封闭的模式，以一种开放的形式出现在大众面前，实现了信息的全面共享，一定程度上提高了办公处理能力。

科技的发展不仅给人们的生活带来变化，受其影响，日常的办公中也处处体现着新科技带来的便捷。近十年来，随着计算机的普及和互联网的发展，人们的办公形式已经由传统的纸质传输转向了自动化处理，这样的革新为提高工作效率、提升办公的准确性发挥了重要作用。

一、计算机信息处理技术在办公自动化上的应用分析

（一）Wed2.0 技术在办公自动化中的应用

网络技术快速发展，现代办公更加注重自动化方式，重视效率化提升，因此各种计算机信息处理技术也不断被应用于办公自动化上。Wed2.0 技术为计算机信息处理技术。在实际应用中，Wed2.0 技术可为各行各业工作者提供不同服务，除外，Wed2.0 还可以进行服务链接，更好为用户提供全面综合服务，使人们更加方便快捷开展工作。用户利用Wed2.0 技术建立的交流平台，能有效加强沟通，消除距离障碍，增强沟通效果，提升办公效率。Wed2.0 平台还具备较强的互动性能，能一一满足用户各种复杂要求，有助于用户办公效率提升。

（二）B/S 型结构在办公自动化中的应用

我国网络技术得到了很快的发展，相应各种信息处理技术也不断发展，B/S 型结构作为当前信息处理技术的一种，是基于三层体系结构的 C/S 型结构构成的。B/S 型结构第一层体系为接口，该体系利用相应程序，实现与浏览器的连接，从而完成上网作用。B/S 型结构第二层体系是 Wed 服务器，通过第一层服务请求，Wed 服务器接收信息后做相应回复，然后将回复结果通过 HTML 代码形式回馈给用户。B/S 型结构第三层体系是数据库服务器，用户可通过数据库随时提取和保存数据。工作过程中数据库与 Wed 服务协同，负责协调不同服务器上传递指令，并处理这些指令。通过 B/S 型结构，用户实现浏览相关网页办公，浏览器发出请求，由服务器再处理用户请求，处理完毕后将相关信息反馈到浏览器。加强B/S 型结构在办公自动化上应用，运行和维护都简单，能提供给不同用户，用户可随时随地操作和访问。当用户需要转换和处理信息时，需要在 B/S 型结构上再安装一个服务器和数据库，这样就能在局域网和广域网之间来回转变。除外，B/S 型结构对于办公设备要求不高，有利于新技术推广和应用。

二、计算机信息技术的自动化改造技术要点

（一）文字处理技术的应用

文字从产生以来就经历了漫长的发展过程，伴随文字的产生，对文字的处理也经历了很长一段时间的发展，从最初的手写发展到雕版印刷，再到现在的依靠计算机技术处理文字。运用计算机对文字进行编辑处理，极大方便了人们的生产生活，长期以来对文字技术的发展形成了一套运用计算机编辑处理文字的现代办公系统。在现代办公系统中，对文字处理是基础内容和必备的技术要求。利用二级办公，即 WPS、Word 等软件进行文字处理时，能够实现文字录入编辑、排版设置的美观与大方。此外，除了这些软件，单单就文字"域"方面，就给我们带来了惊人的便利，更何况还有一些新推出的功能，不得不承认，信息技术的应用彻底颠覆了传统办公的模式，信息处理自动化正以一种新的姿态不断走进人们的生活中。

（二）在办公智能化上的发展

随着当前科学技术发展，智能化发展也是当前计算机信息处理技术应用发展的方向之一。经济的快速发展，我国大小企业不断出现，行业的增多，使各类办公业务也越来越繁杂，为更好地简化办公过程、提高办公效率，加强构建智能化办公平台也成为办公自动化重要研究和发展方向。计算机技术人员通过建立相关服务平台，来完善办公流程，使办公效率大大地提升，同时节省了办公成本，更好地保证办公质量。如针对不同企业、不同事业单位，会有不同办公软件，所以企事业单位在选择办公软件时可以结合自身办公实际情况，选择恰当的办公软件，以更好地实现办公智能化和智能管理化。总之，要加快实现办公自动化，就要加强当前计算机信息处理技术发展，加快信息传递、处理效率，进而提高办公效率，保证办公质量。所以，作为计算机技术人员，担负着计算机信息处理技术开发研究的重任，要进一步研发高新技术，更好地为办公自动化提供技术保障。

（三）视频技术广泛应用

目前，信息技术的发展方向是视频技术，其主要是通过计算机技术压缩数据，然后通过可视化技术进行处理，这种技术被广泛应用在了各行各业的日常办公中。除此之外，不同地方的人员也可以通过摄像头来开展视频会议，不同地方的人员可以毫无障碍地观察到各自的画面，还能够通过语言来表达自己对会议的看法，大大提高了工作的效率。随着无线网络的发展，未来的发展过程中无线视频技术会广泛应用在办公自动化中，这样提高了企业的办公效率，极大减少了工作人员在交通中所需要的时间，使工作人员随时随地都可以参加相关的会议，这种视频技术在未来是一种发展的趋势。

计算机信息技术发展的前景非常广阔，随着计算机软件硬件的不断完善与发展，计算

机成为人们生活中必不可少的物品，从根本上改变了人们的生活面貌。办公室自动化，为企业的发展以及企业的管理提供了强大的技术支持。计算机应用到物流行业中，节约了物流运输的时间，降低了物流成本。计算机在人们的休闲时间也得到了广泛的应用，人们闲暇时通过网络游戏来放松。总之，计算机是人们工作生活的必需品，随着经济的发展而发展、进步而进步。

第五节　信息化时代计算机网络安全防护

经济社会的发展推动了计算机网络技术的进步，在信息化时代的大背景下，计算机网络被广泛应用于日常生活与工作中，事业单位也已经大规模地采用计算机网络技术，为了保证事业单位计算机网络的安全，进行计算机网络安全防护技术的探讨极为必要。本节首先说明了信息化时代计算机网络安全的主要影响因素，然后分析了信息化时代计算机网络存在的主要安全问题，最后提出了信息化时代计算机网络安全维护的策略，希望可以为信息化时代计算机网络的安全防护提供有效参考。

事业单位在办公以及管理方面对计算机网络的大规模应用，有效提高了事业单位员工的工作效率，也为信息共享、信息保存等提供了诸多便利，但是任何事物都具有两面性，计算机网络的安全防护也成为事业单位亟待解决的一个重难点。事业单位在工作过程中，会在电脑中保存大量的机密文件以及数据，一旦计算机网络出现安全问题，造成数据丢失或者泄露，将对事业单位的发展造成极其不利的影响，因此，事业单位要加强对计算机网络安全的管理与防护，充分发挥计算机网络的优势，最大限度地避免网络安全问题的发生。

一、信息化时代计算机网络安全的主要影响因素

（一）网络具有开放性

计算机网络的本质是指将不同地理位置的计算机以及计算机外部设备通过信息线路进行有效连接，在网络的协助下，实现网络信息资源的共享以及传递，因此，开放性是计算机网络的基本特性。作为一个开放平台，计算机网络对用户的使用限制较小，这虽然促进了计算机的发展、信息交流、拓宽了计算机网络的应用领域，但是也带来了一系列的问题，例如降低了信息的保密性，给一些恶意软件、病毒等可乘之机，导致计算机网络面临着较大的安全挑战。

（二）相关操作系统存在漏洞

目前事业单位使用的软件与硬件一般是与普通用户相同的，并没有经过专门的开发或者调整，但是事业单位计算机中的资料与数据与一般用户的资料、信息等保密性不同，普

通操作系统中存在的一些安全问题会严重影响事业单位计算机的安全性能。此外，事业单位的计算机形成一个庞大的计算机网络，一旦一台计算机由于操作系统漏洞受到病毒等的侵入，很快就会传染事业单位所有的计算机。即使在计算机上安装了病毒查杀软件，一般软件不具有针对性，也只能在安全防护方面起到较小的作用。

（三）计算机网络硬件设备性能

研究计算机网络的安全防护首先要进行优化的就是计算机的硬件设备，计算机的硬件设备性能直接决定了计算机可以完成的工作，以及可以安装的软件类型与数量，但是目前事业单位使用的计算机硬件设备性能并不强，一般事业单位给员工配备的个人计算机是市面上较为普通的计算机类型，在运行内存、计算器、中央处理器等硬件设备上都不达标，不仅不能很好地完成日常工作，对计算机的安全性能也有着很大的影响。

二、信息化时代计算机网络存在的主要安全问题

（一）恶意软件的安装

市面上常见的计算机安全防护软件实际上对计算机病毒、黑客等恶意攻击的抵挡性较弱，面对稍微复杂的网络环境，这些软件就会失去其使用价值，给一些恶意软件留有侵入计算机的机会。恶意软件是指未经过用户允许而自行在计算机安装的软件或者携带侵入病毒的非正规软件，其中包括一部分的盗版软件。这些软件自身就是为了侵入计算机系统而存在的，虽然一些不会对计算机造成直接的伤害，但本身也是一种漏洞，给计算机网络造成较大的安全威胁，此外，还有一部分软件则会直接对计算机环境造成破坏。

（二）网络运行维护水平有待提高

网络运行维护是影响网络安全性能的重要方面，虽然一些安全防护软件对计算机网络的防护效果有限，但是给计算机安装基础的防护软件也是必要的。网络运行维护要进行的主要工作就是，确保网络安全防护软件的安装，并对网络安全进行实时监测。但是很多工作人员由于对网络运行维护不了解，可能会随手关闭一些网络安全防护软件，导致计算机不在安全防护软件的监测与防护范围之内，或者在网络安全防护软件提醒计算机网络安全受到威胁时直接将其忽视，导致计算机网络安全问题没能得到及时地处理而造成更大的损失。

（三）管理人员的网络安全意识不足

事业单位的网络安全管理意识明显不足。首先，事业单位缺乏专门的网络安全管理人员，工作人员各自负责自己计算机的安全性；其次，工作人员对安全管理意识淡薄，单位不进行专门的计算机网络安全培训，工作人员也不重视计算机网络的安全性，只是进行平

时基本的业务操作；再次，事业单位配备的计算机维修人员责任感不强，只在计算机出现故障时进行维修，而不注重计算机日常的安全维护；最后，事业单位缺乏针对性的计算机网络安全维护与使用规则，导致在计算机出现安全问题时也无法可依、无章可循，以上几方面都给事业单位计算机网络安全带来了较大的威胁。

（四）计算机网络运行中的非法操作

事业单位在日常使用计算机的过程中有许多不当操作，由于没有进行专业的培训也没有专门的规章制度进行约束，导致这些非法操作不能得到更正，而一直存在于事业单位使用计算机的过程中。例如，U盘在不同的计算机之间随意插拔，不仅造成了计算机网络的不稳定性，也会在不同计算机之间传播网络病毒。也有员工在非正规网站下载软件或者资源，导致计算机网络被病毒入侵而无法正常使用。因此，单位应该培养员工基本的安全操作规范，提高员工的网络安全意识与操作规范意识，避免员工由于人为因素造成计算机网络的安全问题。

三、信息化时代计算机网络安全维护的策略

（一）提升计算机系统的软硬件性能

面对计算机网络的开放性，事业单位能够进行的安全防护主要是提高软硬件的安全性能。在计算机硬件设备的选择上，首先要选择能够满足事业单位业务操作性能的硬件设备；其次，在成本控制的范围内尽可能提升计算机硬件设备的安全性，成本控制也要合理，不能将成本预算压制在极低的范围内；最后要保证硬件配合的合理性，硬件设备在安全性能上相近，只要某一个设备的安全性能极高，对计算机网络的安全防护也是没有意义的。在计算机软件的选择上，首先要注意在正规渠道进行软件的下载，不能下载、安装盗版软件给计算机网络带来安全漏洞；其次要重视安全防护软件的选择，保证安全防护软件能够达到事业单位需要的标准，例如防火墙设置，一些基础杀毒软件的安装都是必不可少的；最后软件的安装要与计算机硬件设备相配合，在硬件设备配置较低的计算机上安装极为高级的安全防护软件也是不能发挥软件作用的。

（二）制定严格的操作规范流程

由于计算机使用的人数固定，以及每台计算机的用途相对单一，在事业单位内部计算机的用途也只分为几个大类，因此事业单位计算机操作规范流程的制定是相对容易的。主要针对以下几个方面进行操作规范流程的制定。第一，不得在计算机上随意进行软件的下载，要保证下载软件的安全性；第二，没有经过安全检测的U盘等设备不得接入单位计算机插口；第三，定期对计算机进行安全检测，争取及时发现计算机的安全问题，降低计算机的损失；第四，信息调取时保证计算机处于安全与稳定的环境中，信息保存要进行备

份，避免重要数据的丢失。将以上操作规范落到实处，可以为计算机提供有效的安全防护。

（三）定期进行网络安全检查

计算机网络的变化性很强，更新也很快，因此定期进行网络安全检查必不可少。首先要定期检查网络是否存在安全隐患以及是否存在明显的安全漏洞，如果存在要及时找专业人员进行维护与处理；其次，定期检查病毒查杀软件的更新情况，保证及时安装最新版病毒查杀软件；最后，确保事业单位信息加密的先进性，严格要求数据访问者的身份。

（四）加强事业单位内联网络安全教育

计算机网络安全的威胁一部分是由于外部因素，另一部分来自于内部因素。加强事业单位内部网络安全教育必不可少。定期开展计算机网络安全培训，提高内部人员对计算机网络安全的重视程度，加强工作人员的计算机网络安全意识，让工作人员对计算机网络安全有一个基本的认识。事业单位内部网络安全教育一方面能够提高工作人员对计算机安全问题的警惕性，另一方面也能够加强工作人员对计算机安全防护的主动性，避免计算机网络安全问题的重要手段。

总结，计算机网络是一个复杂的系统，其既具有强大的功能，也具有许多的安全隐患，任何对计算机网络加以运用的单位都不能忽视计算机网络安全的防护与管理，在计算机网络引进之前一定要充分考虑计算机的硬件与软件配置等问题，为计算机网络的安全防护奠定基础，在后续使用过程中也要加强管理，定期进行安全检测，依据事业单位的具体需要配置计算机安全防护的软硬件，制定具有针对性的操作规范，充分发挥计算机网络的作用，为事业单位的发展提供助力。

第六节 计算机科学与技术的发展及信息化

随着计算机科学与技术的不断发展，各行各业对计算机技术的运用也越来越广泛，对于计算机的依赖也越来越强。计算机技术的不断发展，有效推动了我国的信息化进程，提高了各企业的经营效率，对教育行业也是大有裨益。信息化的普及应用有效推动了计算机科学与技术的不断发展。本节对计算机科学与技术的发展和信息化的联系进行探讨并提出一些合理化建议。

目前，我国计算机科学与技术的发展已经到了一定的高度，并且已经取得了十分重要的成就。计算机科学与技术的发展推动了我国社会经济的发展，对我国的经济发展做出了重大贡献。同时，计算机科学与技术的发展也推动了各行业信息化的进程，推动了相关企业经营效率的提高，对于教育行业的进步也起到了重要的作用。加强对计算机科学与技术的发展和信息化联系的研究，可以帮助计算机科学与技术的发展及信息化进步达到一种平衡，推动两者之间的发展更加合理化。

一、计算机科学与技术的发展目前存在的问题

计算机科学与技术的发展总体上对于我国的经济发展是具有十分重要的推动作用的，计算机科学与技术的进步带动了各行各业的快速发展。但是，也有一些问题随之产生，比如人才的培养跟不上时代的发展速度、软件行业竞争激烈导致产品更迭加快、企业之间紧密联系风险加大等。这些问题的出现都是计算机科学与技术发展中的重要问题。为更好地研究计算机科学与技术的发展和信息化之间的联系，下面对目前计算机科学与技术的发展存在的几个问题进行简单探讨：

（一）人才的培养跟不上计算机科学技术的发展速度

计算机科学技术的发展需要人才，信息化的发展同样也需要人才。在计算机科学技术不断发展的浪潮之下，人才的跟进是十分必要的。但是由于近几年计算机科学技术的发展速度过快，教育对相关人才的培养无法赶上计算机技术的发展进步，导致专业人才跟不上社会发展的需要，企业还需要对员工进行再教育。既浪费了企业的人力资源成本，又降低了企业的经营效率。因而，人才的培养跟不上计算机科学技术发展的速度是目前重要的问题。

（二）软件行业竞争激烈

计算机科学技术的发展以及信息化的普及，使各企业对信息化的需求逐步加大。相应地，软件行业也竞相发展起来，导致信息化行业竞争激烈，产品的更新迭代加快，浪费了大量的人力、物力、财力资源，但是带来的价值却无法弥补消耗。因而软件行业的激烈竞争为计算机技术发展带来动力的同时，也带来了一定的资源浪费。

（三）行业之间联系紧密、风险加大

随着行业之间的联系越加紧密，对应的风险也就不断加大，比如2008年的金融危机，牵一发而动全身。这也是科技发展与信息化发展带来的重要问题，需要在这方面加强研究，推动相关有效措施的实施。

二、计算机科学与技术的发展和信息化的联系研究

（一）计算机科学与技术的发展推动了信息化的不断发展

计算机科学与技术的发展，推动了企业的发展进步。企业为跟上时代的发展步伐，顺应计算机科学技术发展趋势，推动企业的经营效益的提高，从而在信息化的采用上花费成本。因而，可以说计算机科学与技术的发展推动了信息化的不断发展。

（二）信息化的发展推动计算机科学与技术的不断发展

各行各业对信息化的不断利用，导致了企业对经营效益的要求越来越高，对生产效率、经营管理的要求不断增强，从而对信息化要求越来越高。为顺应时代发展进步的不同需要，相应的计算机技术也需要不断地发展以满足各行业的信息化需求。

（三）计算机科学与技术的发展和信息化相辅相成、相互促进

计算机科学与技术的发展和信息化之间总体而言是相辅相成、相互促进的关系，计算机科学与技术的发展推动了信息化的发展，信息化的普及应用也有助于计算机科学与技术的发展进步，从而更好地为社会发展服务。

三、计算机科学与技术的发展推动信息化发展的策略

（一）加强对计算机科学与技术的专业人才培养

计算机科学与技术的发展需要大量的人才推动与经营。为满足现在的计算机人才需求，相关教育行业需要加大对计算机科学与技术的人才的培养力度，突破理论上培养的局限性，更多地进行实践培养，锻炼人才的实践技能，可以进行校企合作的模式，推动计算机科学与技术人才的培养。

（二）推动软件行业进行有序竞争

软件行业的激烈竞争会导致资源的大量浪费，还会导致市场竞争无序状态现象的发生，对于经济的发展会形成一种阻碍。因而，相关部门应当建立相关的制度来约束信息化行业的竞争，推动信息化行业竞争的合理化、有序化。要对软件行业的某些商业行为进行约束和监管，推动流程的程序化、规范化。

（三）加强互联网技术的安全防范

互联网的安全问题对各个国家、各个企业都至关重要。计算机科学与技术的发展，推动了世界经济的互联互通，推动了各单位、企业之间的紧密联系。因而，在计算机科学与技术的发展进程中，要不断加强互联网技术的安全防范，加强对网络的安全管理，比如出台相关的网络安全监管政策、各企业对网络安全程序的安装等，从而在一定程度上保护信息安全。

计算机科学与技术的发展和信息化之间紧密相连，两者之间相互推动。计算机科学与技术的发展带动了信息化的发展，信息化的发展与普及又反过来推动计算机科学技术的发展。对目前计算机科学与技术的发展的一些问题的解决，可以更好地推动计算机科学技术的发展，并使计算机科学技术更好地为人们服务，为世界经济发展服务，推动计算机科学与技术的发展和信息化的发展更加合理化。

第六章　VR 技术

第一节　VR 技术的媒体适应性

VR 技术作为近年来的热点话题之一，在经历了一段时间的发展之后，成为媒体转型发展的重要选择。VR 技术的机遇与风险并存，在与媒体互相适应的过程中进行优化，调整自己的适应性策略。

VR 的全称是 Virtual Reality，即虚拟现实技术，也叫灵境技术，是一种通过计算机模拟仿真环境，可同时具有视觉、听觉、触觉等效果的虚拟世界。这种虚拟可以是对我们熟悉的环境的仿真构建，也可以是对我们难以在真实环境下接触到的情景的三维重现。

一、VR 技术特性

VR 最大的特色就是用户可以沉浸于这个虚拟环境。通过佩戴专门的 VR 眼镜或者头盔等设备，体验一种仿佛置身于现场的感觉，同时这种感觉没有明确的边界限制，用户甚至可以达到 360 度无死角的全景式交互输入，从而达到最大化的沉浸式体验感。

（一）沉浸性

这是 VR 技术最主要的特征，主要表现就是让用户成为这个虚拟环境的一部分，从而消除可能带来的不适应感。这种沉浸性还同时表现在系统要尽量不让用户受到虚拟环境以外的环境影响，一切以用户的实际体验感为核心，做到身临其境的感觉。

（二）交互性

主要体现在用户对所参与的模拟环境内的物体构成是否有参与度，用户的操作能否对环境本身造成影响。当用户接触到虚拟环境中的人物或者物体时，应当感觉到对方给自己一个相应的信息反馈。这种反馈应该是近乎真实的、全方面的。

（三）想象性

在真实环境中，人们可以通过有限的信息摄入进行联想和想象，从而搭建出属于自己的新的模拟环境。VR 同样可以提供这一需求，而且在原有的基础上扩宽了信息范围，使用户不仅仅局限于被动地接收信息，而且可以利用主观能动性来自主选择想要接收的信息，从而更好地新环境。

（四）自主性

从某种意义上说，VR 是"有"思想的，它会遵从虚拟环境中所构建出的属于自己的真实展现。这种展现是可以不依赖用户而独立存在的。

（五）多感知性

与其他媒体技术相比，VR 理论上应具有一切人类能够感知的感官功能。目前由于技术有限，大部分虚拟技术只包括了视觉、听觉、触觉、空间感等几种感官，其他感官功能还有待于进一步普及。

VR 技术诞生之初并不是专门为媒体传播服务的，在 20 世纪 50 年代已经出现了可以模拟多个场景的宽荧幕影片，并同时模拟味觉和触觉；随后诞生的头盔显示器使这一技术真正步入正轨。它对媒体的适应性也是随着时间和技术进步而逐渐成形的，国外将 VR 技术与新闻相结合的报道可以追溯到 2012 年，而国内首次应用 VR 技术进行新闻报道则是在 2015 年，并且有逐年增加的态势。但是新技术的应用往往也不是一帆风顺的，这种行业内的巨大变革也同样带来新的挑战。

二、VR 技术的媒体特征

现有的媒体传播模式除了报刊、广播、电视等传统媒体，也包括网络电视、数字广播、手机终端平台等一系列新兴媒体。作为一项新兴技术，VR 自然会具有某些有别于传统媒体的特征，主要表现在以下方面。

（一）叙事报道特征

传统媒体的叙事多通过固有的文字、图片、音频和视频进行呈现，以线性叙事为主，更加注重事件的完整性、时空的连续性和内容的因果性。而 VR 新闻往往采用非线性叙事手法，不按照传统的顺序进行报道，用具有离散性、偶然性、碎片化、非固定视角的形式来从不同角度与层次推动事情的发展。从这一点上看，两者是有一定区别的。

（二）内容制作特征

传统媒体的信息生产工作主要分为两种，一种是采编分离，即采访和编辑工作是分开的，两者合作完成媒体信息的生产，对工作人员的技能要求相对单一；另一种是采编一体，即媒体信息生产过程由单一团队统一完成，工作人员既是记者，也是编辑，兼顾文字、美术、摄像等一系列工作。对于 VR 技术来说，多感知性决定了其制作团队要从技术实现、美学效果等多个角度来考虑选题，而不仅仅由新闻价值来决定。因此具有更高适应性的全媒体记者会更加符合 VR 的制作要求，这是由 VR 技术的特性决定的。

（三）关系特征

以电视媒体为例，传统的媒体信息由制作团队来选择和把控如何进行传播，而大多数受众都是间接或者被动接收信息。而 VR 新闻的受众可以借助一种自主参与选择的方式来转换接收角度，甚至可以与新闻主体进行交流，获得更为真切的体验感受，这一点是传统媒体很难达到的。

三、VR 技术在国内外媒体中的应用

作为一种新兴技术，仅靠理论上的支持是无法得到推广的，因此广大媒体纷纷开始推出属于自己的 VR 节目，让广大用户领略 VR 技术的风采。

（一）国外媒体应用现状

2010 年，美国加利福尼亚大学学者德拉佩纳首次提出了"沉浸式新闻"的概念，也就是 VR 新闻的雏形。2012 年，由其牵头的团队创作了 VR 新闻纪录片《饥饿洛杉矶》，获得了巨大反响。

2013 年，美国《得梅因纪事报》推出 VR 新闻纪录片《丰收的变化》，讲述美国农业发展现状，被认为是传统媒体对 VR 新闻的初次尝试。

2015 年，《纽约时报》独立开发了 NYTVR 软件，并收购了一家虚拟现实技术公司，同时投放了 VR 广告，为 VR 技术开启了新的大门。还是在这一年，纳斯达克也加入了 VR 领域，使人们能够在虚拟环境下亲身感受公司上市、收到股票交易等财经类信息，让财经媒体也加入到了 VR 家族的行列。

2016 年 8 月，里约奥运会的召开使众多媒体巨头嗅到了新的气息，纷纷在直播报道中采用了虚拟现实技术，使 VR 技术在体育媒体方面大放异彩。

（二）国内媒体应用现状

我国的 VR 技术较国外起步略晚，《山村里的幼儿园》作为我国首部 VR 纪录片于 2015 年 9 月发布，成为媒体焦点。《人民日报》用 VR 技术对"九三"阅兵进行了全景呈现，而 12 月发生的山体垮塌事故则由新华社进行了 VR 报道，后期还进行了 VR 补充报道。

2016 年的两会期间，新华社、央视、人民日报等媒体纷纷采用了 VR 技术进行新闻报道，掀起了一股 VR 新闻的热潮。6 月，《重庆晨报》推出 VR 新闻频道，并开发了独立客户端，可以通过 VR 设备进行新闻体验。8 月，里约奥运会期间，央视用 VR 进行了超过 100 小时的报道，使国内的 VR 新闻水平与国际水平看齐。10 月，在鸟巢举办的《中国新歌声》总决赛采用了 VR 直播的方式，让国内的大型综艺节目也加入了 VR 的行列。

可以看出，国内外的 VR 技术发展至今，已经不仅仅是单一方向的发展运营，而是每

每着眼于当下最热门的媒体信息进行结合，注重新媒体背景下的传统媒体技术改造，使两者进行有机地结合，从而达到转型升级的目的。

四、VR 技术的媒体适应困境

近两年以来，VR 的势头也由主流传统媒体渐渐向地方媒体和网络媒体转移，甚至出版社还推出 VR 丛书，可以说风光一片大好。然而当 VR 技术与新闻媒体融合之后，额外附带的新闻属性使它无法回避传统新闻天然具有的特性，如果只是一味地从技术层面追求 VR 的体验感，那么势必会带来新的问题。

（一）VR 的设备成本

VR 新闻可分为两类，一类是页面式，通过手机登录即可观看，通过屏幕的轨迹来确定所观看到的内容，沉浸效果并不十分强烈；另一类则是借助专业的 VR 设备，达到无死角的完全式沉浸体验。可以看出，前者本质上只是把三维影像进行了二维化处理，再通过平面设备进行投射，与真正的虚拟环境还是有一定区别的。但是沉浸感更强的 VR 设备需要单独购买，携带起来也不够方便，限制了使用场合。在能够使用设备的场合，往往也无法提供足够多的 VR 设备来供用户使用，这也就一定程度上阻碍了 VR 技术在媒体产业的发展。用户也明白专用设备可以获得更好体验的道理，但不是每个用户都愿意为此付出额外的支出。

（二）VR 的技术成本

制作一期 VR 节目往往需要大量的人力物力，以《丰收的变化》为例，前期拍摄素材时长达到 320 小时，动用了 22 名相关工作人员制作了三个月，最终完成的成片仅仅只有一分钟的时长。这样的制作周期势必耗费不菲，而获得的收入却难以预测，这是相关从业人员不愿看到的。从根本上来看，这还是技术发展程度不够导致的，导致投入往往难以获得应有的回报，从而造成恶性循环。

（三）VR 的时效性

新闻的价值很大一部分体现在时效性上，抢独家头条一直是众多媒体的焦点任务，也曾因此出现过许多轰动消息和乌龙事件。网络媒体则将这一理念运用到了极致，只要是能引起社会热点讨论的内容，在发生后的数小时甚至数分钟内就会传遍整个网络，从而彻底解除了时效性对于新闻的制约。然而 VR 的制作并不像普通新闻那样便捷快速，需要有专门的工作人员进行取景、拍摄、后期、配音、合成等一系列工作，这就导致了 VR 新闻往往跟不上传统新闻的节奏，只能退而求其次选择一些深度报道，或者连续性报道，这也就局限了 VR 的应用范围。

（四）VR的内容匮乏

从上一点我们就可以看出，VR受到时效性的约束，选题也就显得较为固定，内容上自然可选择的范围相对就缩小了很多，再加上国内VR起步较晚，发展模式还不够成熟，许多平台和厂商还在观望，导致VR的内容往往还停留在大环境大场面的传统意识上，而用户往往出于猎奇的心态来观看这些内容，大量的同质化容易导致用户产生疲惫感，从而不能达到良好的沉浸式体验。

（五）VR的交互反馈

作为VR的特质之一，交互性应当是毋庸置疑的。但是由于缺乏足够的内容，成本的高昂使VR的传播途径受到了一定的阻碍，使交互性并没有很好地在目前的内容里得以体现，反倒是传统新闻媒体可以通过评论转发、用户讨论等一系列手段来达到深度互动的目的，从而使用户在选择上的偏向性并不是很强。同时，过强的交互性可能会让长期使用沉浸式体验设备的用户出现类似现在手机低头族与社会交流不足等一系列现实问题，这也是我们需要警惕的。

（六）VR的渠道分散化

传统媒体由于经过长久的考验，已经建立了一套十分成熟的固有体系，无论是前期制作还是后期推广，都有现成的模式可以借鉴。而VR作为新的模式，大家都是摸着石头过河，缺乏统一的规范和标准。在这种各自为战的大环境下想要进行推广，难度自然也就可想而知了。如何使各大媒体和厂家联合起来，尽快制定出相应的规范标准，是VR亟待解决的问题之一。

（七）VR从业人员匮乏

VR本身就是新兴项目，从业者已经是凤毛麟角，而具有专业素质的媒体从业者更是少之又少。传统的媒体行业要求专精于某一方面的人才较多，而VR需要的是能够把握新闻主题、分析新闻内涵、拍摄新闻内容、编辑新闻故事的综合性人才，同时还要具备VR技术能力，这就对从业人员的素质提出了非常高的标准，人才的缺乏也是在所难免的。

五、VR与媒体的适应性变革

从上面的分析可以看出，在传播环境上，现有媒体与VR技术具有部分的不适应性，但并不是绝对化的。这种差异既是理念上的，也是技术上的。那么如果想让现有媒体与VR发生决定性的"化学反应"，就需要从现有模式上进行变革。

（一）VR对于媒体领域的适应性调整

沉浸式体验让用户成为新闻现场的参与者，给用户带来了极大的自主权，让新闻的互动感更加强烈,这都是 VR 技术的优势所在。然而这同样带来了新闻真实与客观的界限模糊,使媒体本该具有的舆论引导作用减少,同时由于技术限制,VR 题材范围往往局限在那些富有视觉冲击力的场景,比如军事、灾难、综艺节目等,使新闻本身应有的价值观弱化,最终成为娱乐至上的消遣工具。

面对存在的诸多问题,要从根本上解决还需要时间。目前最有可能突破的方向是扩宽 VR 的业务范围,针对内容进行创新,提高新闻价值,例如针对人民群众喜闻乐见的医疗、教育等资源进行深度挖掘,开发社区内容,让居民足不出户就可以感受到便利,从而真正地发挥出自己的优势所在。有了广大的用户群众基础,VR 技术才能发挥出应有的价值。

(二)媒体对 VR 技术的适应性调整

面对新的世纪,数字新媒体已经成为不可逆转的趋势,传统媒体如果不能跟上时代的发展,就可能被时代淘汰。因此,媒体的自主适应变革是一件十分具有积极意义的工作,作为时代前沿的 VR 技术自然而然成为适应性变革的对标物。

为此,各种媒体都做出了自己的积极响应,例如很多体育项目就很适合进行 VR 直播,媒体应该增设专门的 VR 频道,制作 VR 相关内容,使观众能够得到身临其境的现场感受,从而让 VR 的渠道变得更加广泛;同时调整自己的思想认识,联合各大厂商正确认识 VR 技术与媒体的关系,更加理性地面对 VR 技术带来的变化,建立培养相关技术人才的机制,及时制定相应的技术标准,为 VR 用户提供更加便利的视听服务。

信息技术高速发展的今天,人们的思维模式时时刻刻都在发生变化,每一项新技术的诞生都将可能为未来的世界带来深远的影响。变革是富有挑战性的,然而不进行变革就无法跟上时代的发展,可以说面对瞬息万变的世界,无论是 VR 技术还是媒体市场,双方做出双向性的应对调整是必然选择,从而最终达到强强联手的双赢结局。

第二节　VR 技术的应用现状

在我国科学技术飞速发展下,我国各行各业也呈现出良好的发展态势。目前 VR 技术在我国各行业中得到了广泛应用,并呈现出良好的应用效果。本节将分别从 VR 技术现状研究、VR 技术原理与应用、VR 技术的发展趋势、促进 VR 技术应用的有效对策四个方面进行阐述。

一、VR 技术现状研究

在科学技术飞速发展下,VR 技术横空出世。该技术集多种技术于一体,将各技术优势发挥出来,关于该技术的发展应追溯到 20 世纪 50 年代,在科技高速发展的美国,通过计算机技术与传感器技术的融合营造出虚拟环境,使人们感觉置身其中。据研究,VR 技术集显示技术、计算机仿真技术、计算机图形技术，确保人机互动的实现。由于虚拟现实技术具有效能高、成本低、传输快等特点，受到了社会的广泛关注，具有良好的发展前景。

目前许多国家对虚拟现实技术越来越重视，并将其应用到各个行业中，经研究发现虚拟现实技术最初起源于美国，在卫星、航空等领域中发挥出作用。随后虚拟现实技术在英国、日本等国家也有所运用，尤其是日本，对该技术展开了深入研究，并开发出一套神经网络姿势识别系统，与此同时开发出嗅觉模拟器。这一举措是虚拟现实技术的重要突破。

受科技水平的影响，虚拟现实技术于 80 年代末才被投入使用，与美国、英国等国家相比存在明显滞后性，我国诸多高校就虚拟现实技术展开了研究。例如：西安交通大学对显示技术进行了深入研究，通过该技术可提升解压速度。

发展历程：

虚拟现实技术的发展经历了四个阶段，逐渐发展为成熟阶段，详情如下。

第一阶段。虚拟现实技术第一阶段是指该技术形成的前身。实际上在我国古代就出现了仿真技术的雏形，例如风筝，风筝这一工具对人与自然互动场景进行了模拟，为飞行器的产生奠定了基础。在这种情况下西方人根据风筝原理研制了飞机，使用户感受到乘坐飞机的感觉。

第二阶段。随后虚拟现实技术逐渐迈入萌芽阶段，这一阶段重要的标志为 Ivan Sutherlan 研制的头盔显示器 HMD，该设备的出现标志着虚拟现实技术正式面向市场，为后期的发展及完善奠定基础。

第三阶段。随着时代的发展虚拟现实技术逐渐迈向初步阶段，这一阶段的重要标志为 VIDEOPLACE 系统以及 VIEW 系统，应用以上系统能构建出虚拟环境。

第四阶段。第四个阶段为技术完善及应用阶段，在医学、航空、科研及军事等领域得以应用。

二、VR 技术原理与应用

原理。虚拟现实技术是多种技术的融合技术，其中包括计算图形技术、人机交互技术、人工智能技术以及传感技术，将各种技术集中在一起可对虚拟环境进行创设，从而形成触感、视觉、听觉、嗅觉等感受。

应用。从实际情况来看虚拟现实技术在我国许多行业中均发挥出重要作用，例如：房地产行业。将 VR 技术运用到房地产行业可促进工作效率的提升，降低人员沟通成本，在具体实施中开发商通过 VR 技术可对任意图片或视频进行截取，使客户身临其境去感受，使双方达成一致，从而实现双赢。相关数据显示，房地产企业采取 VR 技术使购房率大大提升，呈现出显著的效果。例如：北京大钟寺国际漫游广场将虚拟现实技术运用其中，通过对虚拟环境的模拟拉近了与用户的距离。与此同时虚拟现实技术在图书馆服务中也得到了应用，使图书馆各项服务有效创新，通过虚拟现实技术可提高信息检索率，为读者提供优质的服务。另外虚拟现实技术还可与室内定位技术融合在一起实现智能导航，提高图书馆资源的使用率，帮助读者快速找到具体位置。

不仅如此 VR 技术在教育领域中也得到了有效应用，通过电脑对三维空间世界进行模拟，带给用户身临其境之感，当用户位置移动时电脑便可对其科学计算。虚拟现实技术通过计算机仿真技术、人工智能技术、网络处理技术、感应技术为各行业发展注入了新的生命力。

2016 年虚拟现实技术得到了充分优化与应用，因此这一年也被称为虚拟现实元年，在这一发展阶段越来越多的人接触到该技术，在教育领域也发挥出作用。在具体实施中教师可采用虚拟现实技术，将视频、图像等资料应用到课堂教学中，对教学氛围进行营造。

通过笔者的分析与研究，虚拟现实技术在我国房地产行业、教育行业、图书馆等均得到了运用，展现出良好的发展趋势。

三、VR 技术的发展趋势

随着时代的发展，VR 技术逐渐走向成熟，对我国未来科技的发展起到有效的促进作用，对 VR 技术的研究可为今后的发展提前做好准备。

动态环境建模技术。为确保虚拟现实技术作用的发挥，首先应对虚拟环境进行建立，动态环境建模技术的运用可获取更多三维数据，对模拟环境予以构建。

实时三维图像生成和显示技术。现阶段 VR 技术逐渐走向成熟，尤其表现在三维图像生成方面，在不影响图形质量基础上，提高刷新频率成为目前的主要研究内容。现阶段虚拟现实技术无法满足系统的实际需要，在这种情况下应对显示技术与三维图形进行开发。

智能化、适人化人机交互设备研制。尽管头盔与手套可增强用户的沉浸感，然而实际效果却不尽人意，采用最自然的语言、听觉及视觉可确保虚拟现实交互效果有效提升。

四、促进 VR 技术应用的有效对策

确保 VR 技术的有效应用，在技术使用过程中相关人员还应对技术安全加强管理，积极完善安全管理使用制度、对数据安全技术进行研发，对技术人才进行培训，确保 VR 技术更好地应用。

对安全管理制度加以完善。虚拟现实技术作为一种新型技术，在带来更多发展契机的同时也会导致诸多安全隐患的发生，在这种情况下相关部门应加大安全管理力度，对安全管理制度有效完善，对技术的安全使用加强管理。在这种情况下相关部门可将各种防御技术运用其中，对信息安全性合理判断，确保技术的有效应用，此外管理人员还应形成安全管理意识，确保 VR 技术作用更好地发挥。

充分研发数据安全技术。为了确保虚拟现实技术的有效应用，相关部门还应对数据安全技术进行研发，基于此我国政府部门应加大支持力度，从资金与技术两方面入手，促进

安全技术水平的提升，为虚拟现实技术的运用提供支持。与此同时还可将加密技术运用到网络系统中，为技术的应用提供安全保障，如若加密技术缺失便会给网络运行带来风险，网络黑客便会对相关数据进行篡改或增减，从而导致巨大的亏损。

加强对技术人才的培训与管理。在科技时代下人才为第一生产力。据此我国教育行业应对技术人才加以重视，为社会输送一大批技术人才。在具体培训中，应将虚拟现实技术引入其中，对该技术的应用原理优势进行阐述，从而帮助人们加强对虚拟现实技术的全面认识。通过这一手段可提高技术人才的素质水平，为我国科学技术的发展提供人才支持。

总而言之我国应加大对 VR 技术的研究力度，培养更多相关人才，为人们的生活带来更多便利，这对于我国竞争力水平的提升起到促进作用。

目前我国科学技术得到了充分优化及发展，呈现出良好的发展势头，虚拟现实技术便是这一阶段的产物，具有鲜明的时代特点。综上笔者对虚拟现实技术的应用研究进行了分析，总的来说，虚拟现实技术在我国各领域中均得到了有效应用。就目前来看我国虚拟现实技术开发依然处于摸索阶段，相信不久的将来虚拟现实技术在我国各领域的发展中会发挥出自身效果。

第三节　VR 技术对影视语言的全新改变

VR 技术的日益成熟和特效技术的广泛使用逐渐为电影提供了新的表现形态，甚至在影片当中承担了重要的作用。电影经过一百多年的发展，影视画面始终遵循着二维平面的规律，VR 技术的出现使传统影像面临全盘的颠覆。众所周知，视听语言可以说是一部影片最直观的展现，它的成功与否直接决定了影片的质量。本节将从三个方面探讨 VR 技术对影视语言的升级，分别是 VR 技术、VR 电影、对影视语言的改变。

一、VR 技术

VR 技术也就是虚拟现实，又称为灵境技术，最早是由美国人拉尼尔提出，指运用计算机手段来产生一系列的"虚拟"图像，让体验者能够"浸入"到虚拟世界，获得更为"真实"的观看体验。体验者还需通过佩戴 VR 眼镜、头盔等一系列外部设备，获得模拟生成的三维虚拟图像。体验者能够在视觉、听觉、触觉上获得强烈的参与感，就好像参与其中，是其中的一部分。VR 技术最大的魅力就在于能让体验者获得前所未有的"真实感"。

目前，行业前沿对于虚拟现实最基本的特征是：可穿行、可体感交互、全沉浸式。可穿行指体验者能在虚拟世界中自由行动；可体感交互是指体验者能跟虚拟图像产生互动；全沉浸式强调体验者可用自己的身体去感知电影的内容，通过虚拟图像生成一个全新的世界。

我国 VR 技术直到近几年才兴起，2015 年中国首部 VR 纪录片《山村里的幼儿园》面世，之后 VR 技术获得空前的发展。2016 年，可以说是 VR 元年，各大媒体和门户网站相继推出 VR 观看渠道，比如两会的报道等。2017 年，VR 直播获得空前发展，比如中超联赛的直播和《中国新歌声》，但观众对于 VR 认知和消费趋于理性。

随着受众对 VR 技术了解的不断深入，VR 深入各项领域已成为必然。在还原"真实"方面，VR 技术有着先天的优势，跟传统电影结合后会产生全新的影视语言。

二、VR 电影

即虚拟现实电影。虚拟现实借助计算机系统及传感器技术生成三维环境，创造出一种崭新的人机交互的方式，从而刺激体验者的视觉、触觉和听觉等感官功能，让人能够沉浸在虚拟世界当中，获得触手可及的真实感，体验者通过佩戴外部设备，可以 360 度地观看立体空间。

观众在观看 VR 电影时，最重要的就是进行"体验"，在观看电影的过程当中，可以触发多个随机事件，对电影也会产生不同的理解，也就说明了 VR 电影为叙事结构的发展提供了多个可能性。

VR 电影具有戏剧的舞台空间、电影的观看性和游戏的交互性三个主要特征。传统电影是以镜头为单位，而 VR 电影则是以场为单位，由于是 360 度的全景空间，就类似于戏剧的舞台。在一个特定的环境内，观众被演员的表演、灯光等因素吸引，导演只能运用特定的元素进行叙事。电影的观看性主要指 VR 电影具备传统电影的大部分元素，前期的剧本，中期的拍摄，像调度、灯光、表演等，使制作方式和观看方式发生了重大改变。游戏的交互性，主要指在虚拟空间中，体验者可以跟虚拟图像产生即使的互动，在 VR 短片《Lost》当中就展现了一位体验者在虚拟空间玩恐怖游戏的故事。这部短片完美地将人和虚拟世界融为一体。

三、VR 技术对影视语言的改变

传统电影借助视听语言完成对整个故事的讲述，在 VR 电影中，由于是 360 度全景拍摄，景别的概念也就不存在了，包括焦点的变化、推拉摇移的镜头运动、复杂的场面调度、蒙太奇等一系列视听元素，都发生了巨大改变，甚至面临全盘的颠覆。相反，观众可以自主地选择某些元素，从而完成对电影的理解。

（一）"全景互动式"视觉语言

视觉语言给观众最为直观的体验，不同的镜头设备又会产生不同的视觉效果。VR 摄影机与电影摄影机有着很大的不同。传统摄影机更多的是单机位，偶尔进行多机位，但拍摄的都是同一个场景。而 VR 摄影机是至少拥有六个镜头的球形全景摄影机，是 360 度的全覆盖。如果是特殊镜头，像鱼眼镜头，也至少需要四个才能完成全视角的覆盖，所有镜头的展现均为全景效果。

传统电影通过摄影机的运动来营造不同的效果，对重点的人、物、事进行突出，从而完成叙事。像好莱坞的类型电影，经常通过镜头的高速运动，来营造紧张刺激的效果，从而达到吸引观众的目的。VR电影的镜头运动有着先天的不足，摄影机大幅度弱化镜头的运动，使观众在观看时会产生眩晕等不适感。大部分的VR电影都是采用固定机位对场景进行展示，像《山村里的幼儿园》，通过一个个固定机位来展示孩子们生活和学习的状态。而VR电影《Help》则采用了"一镜到底"的拍摄方式，但镜头的跟拍，场景的切换，还是给观众带来了轻微的不适。

景别的选择完全被观众掌握。传统电影通过景别的变化，虚实焦的控制来增强透视关系，完成叙事。VR摄影机只能展示全景镜头，传统电影中远、全、中、近、特等景别则完全丧失。由此带来的影响使画面深度缺失，但在画面广度上得到了良好的延伸，景别的缺失对于突出叙事重心有很大的影响，但是又为观众提供了探索多种叙事的可能性。导演需要考虑整个全景空间中主陪体的变化和关系。

（二）"交互式"的听觉语言

声音对于电影的叙事、节奏的改变、情绪的变化和塑造人物形象等方面都起着决定性作用。但在日常进行影视制作时，也是最容易忽视的一个方面。声音和画面相辅相成才能使一部电影打动观众。对于现实题材的VR电影作品来说，声音大多采用同期录制，从而使观众获得身临其境的感受。在VR短片《山村里的幼儿园》中，拍摄组就录制了大量的环境声音，而这些环境声音贯穿全片，像蛐蛐声、脚步声等，完美表现了偏远山村的生活环境，营造了一种宁静祥和的气氛。《盲界》讲述了西藏地区盲童的故事。在片中也是大量录制了环境音，像孩子们玩耍的笑声等，真实展示了西藏地区的自然环境和孩子们积极乐观的生活态度。在影棚拍摄的VR短片，尤其是动画短片，声音就需要后期进行虚拟合成和创作。声音使VR影片的内在张力得到完美的释放。

（三）蒙太奇失效

传统电影是以镜头为单位，每个镜头不同的排列与组合都会产生不同的艺术效果。蒙太奇是电影叙事基本语言，电影的魔力就在于此。而在VR影片当中，蒙太奇基本失灵，受到了很大的限制。在VR世界里，观众佩戴头显进入虚拟世界中，镜头和场景切换会导致观众身体上的不适，甚至对于影片的叙事会起到负面作用，观众的沉浸感也被破坏。虚拟现实的技术所创造的"超现实"环境将制作者和观众之间的界限所打破，内容不局限于四角边框当中。况且，VR短片的主要特色，不需要制作者使用蒙太奇进行过多的干预，将主动权交给观众，只需要将特定元素放到虚拟世界中，让观众在全新时空中自己去感受和发现。

在场景转换中，VR电影大多采用黑场进行，这样可以使观众获得视觉缓冲。在《山村里的幼儿园》和《盲界》中，都是采用黑场过渡的方式。从另一方面来说，蒙太奇的减少意味着长镜头的增加，外加大量的固定镜头，保留了空间的完整性和叙事的逻辑性，对于观众获得真实的沉浸式体验有着天然的优势。

蒙太奇的缺失也是有利有弊的，蒙太奇对于细节和局部的表现是VR电影所不能比拟的，相信随着技术的不断成熟和观众接受能力的逐渐增强，VR电影会探索出属于自己的一套语言系统。

（四）实现重点及其引导

由于VR电影是360度的全景空间，但观众在头显中只能看到整个画面的三分之一左右，宏大的空间包含多个叙事元素，外加VR电影蒙太奇、景别角度等使用限制，那么突出重点事件和对观众进行强调就成了难点，这时候就需要我们通过灯光、声音、表演等来引导观众视线。

声音。在上文曾提到，声音具有很强的引导作用。观众沉浸在VR影片中时，很大程度上被周围的环境吸引，对环境内的一切事物进行探索，而导致的结果可能偏离导演所设定的故事背景。到时就可以利用立体声音将观众的视线重新拉回到画面的核心位置，为下面的叙事进行良好的铺垫。在《纽约时报》制作的第一部虚拟现实纪录片《流离失所》中，就曾利用飞机的轰鸣声来强调视觉中心，片中的人物被飞机轰鸣声吸引，观众的视线自然被飞机吸引。

灯光。灯光对于塑造人物形象，营造气氛具有重要作用。在VR影片当中，灯光的布置极为受限，由于是全视角的VR影像，所以灯光位置的摆设极易穿帮。VR影片大多采用自然光，在棚内拍摄的影片会使用特效技术做出模拟光源进而达到某种效果。在《盲界》中，主人公在回忆自己成长经历时，有一束光打在脸上，起到了很好的引导作用，将核心人物重点表现出来。由于拍摄地在西藏，光线很难掌握。这束光是由后期团队使用CG＋VR技术制造出来的。

VR影片《Lost》讲述一位体验者玩恐怖游戏的故事。在《Lost》当中，警报器闪烁的红灯，营造了一种恐怖的气氛，完美引起了观众的注意力，将观众的视觉重心牢牢锁定在核心位置。

"长镜头"。林诣彬导演的VR短片《Help》当中，全片采用一镜到底的方式，强制观众跟随摄影机去探索未知，例如片中警察追击怪兽，从广场到地铁来实现场景的转化。这种强制性的引导方式是明显和有效的视觉引导方式，观众所选择的权利大幅度减少。这样可以使导演围绕预先设定好的故事情节进行发展，方便于集中观众注意力。

剪辑。VR电影剪辑不同于传统电影，上文曾提到，VR电影不适合镜头的组接，因此也很难使用倒叙和插叙的叙事手段。VR电影的剪辑更多是场跟场之间的分隔，是对时空的转换，提示观众这场已经完成，开始进入新的场景当中。在转换的过程中大都采用缓慢黑场或出字幕进入的方式，让体验者有适应的时间。

剪辑还承担着连接两个中心点的作用。剪辑点需要跟观众的注意力相匹配，在观众选择观看的视觉中心切换到下个视觉中心。跳切、快切这种剪辑方式在VR影片中是不可取的，容易导致叙事的混乱和节奏的打破。例如在《流离失所》中，难民看向天空中的飞机，接着下个镜头就是散落在地上的物资，再接着难民开始拾取物资，剪辑的逻辑关系递进，从而引导观众。这是VR剪辑跟传统电影剪辑最大的不同。

随着新技术的不断成熟，传统电影的视听语言正面临着全面的升级和更新。但现在VR电影的视听语言还停留在较为初级的层次中，没有形成自己的一套语言系统。随着大众对VR技术认可度的不断提高和5G时代的到来，VR影片会越来越成熟。VR电影的探索之路任重而道远。

第四节　VR技术与档案展览

虚拟现实技术具有沉浸性、交互性和构想性特点，在教育、工业、医疗、军事、航天等领域已得到广泛应用。档案领域的VR应用，主要涉及库房管理、实物档案网上展览、特藏档案展览等方面，但整体上还处于应用探索阶段。本节对VR技术在档案展览中的应用进行分析旨在为档案馆举办档案展览活动的方式方法创新提供思路。

一、VR技术在档案展览中的优势

VR沉浸性能让用户进入档案故事虚拟空间。沉浸性是VR技术的核心特性，指在视觉、听觉、触觉等方面给用户带来临场感。VR配合光电、声音、布景甚至气味等模拟生成一个虚拟现实的世界，使用户产生身临其境的"错觉"。2017年，湖北省档案馆在国际档案日开展的"听湖北方言、存荆楚记忆"方言档案展览活动中，以音视频档案等多种方式动态呈现展览内容，给公众留下了深刻印象，取得了非常好的效果。因此，利用VR技术将多种载体的档案资源关联呈现，与环境、场景、人物及情节在虚拟空间融为一体，能够通过设定的场景让用户获得沉浸式的档案展览体验，增强用户对档案的感知，拉近用户与档案的距离。

VR交互性能激发用户主动参与档案展览的欲望。交互性是VR技术提供体验的核心环节，指人对虚拟环境内物体的可操作程度，以及从环境得到反馈的自然程度。借助VR技术，虚拟空间的展品可根据用户的个人行为做出相应反馈，调动多重感官实现实时交互，通过双向互动有效提高用户的参与度，使其由被动接收档案信息变为主动感知档案。2019年湖北省档案馆举办的"丰碑——庆祝新中国成立70周年暨湖北解放70周年档案史料展"利用VR技术建立了虚拟档案展厅，用户佩戴VR头盔，手拿数据手柄进入，通过转动头部调整方位和视角，按动手柄控制进退和模拟触摸。用户"走"到每个展示区，系统就会自动放大图文及视频内容，并同步播放语音讲解。展厅内特设一处沉浸式情景体验区，仿佛通过时光隧道进入战争现场，身边是持枪的战士冲锋陷阵，耳边是震耳欲聋的枪声、炮声，用户能够真切地以"现场亲历者"的身份感受历史事件。观展反馈记录表明用户对这次档案展览加入 VR 技术元素给出了较高评价，参与度非常高。

二、档案展览应用 VR 技术的前期准备

VR 技术与设备的选择。不同的档案展览方式、不同沉浸程度的 VR 体验需求决定了不同的 VR 技术与设备的选择。虚拟漫游技术适用于各种展览形式，对真实场景或假想场景进行仿真，呈现出逼真的虚拟空间，用户可选择 VR 头盔、立体眼镜、虚拟三维投影等 VR 设备感受沉浸程度不同的虚拟漫游；VR 全景技术适用于网上展览和移动客户端展览，利用 VR 技术构建三维虚拟展厅，用户通过交互操作能够对展厅及展品进行全景观察，有一定的沉浸感和交互性，若配合立体眼镜、立体显示器等设备，可极大提高沉浸感；Web 3D 技术适用于网上展览，是一种有交互功能、能实时渲染的桌面级 VR 技术，用户可直接裸眼体验，或借助立体眼镜、立体显示器等加强沉浸感。

呈现档案的三维场景制作。三维场景建模有三种常用方法：一是基于几何的建模，使用 3D 建模软件进行场景制作是应用最为广泛的构建方式；二是基于图像的建模，利用全景摄影将图片和视频作为基础数据信息制成全景图像，是最真实的场景构建方式；三是基于参数化的建模，通过参数或者变量与几何形体建立关联生成三维模型，方便大规模场景的建模，减少大量重复建模工作。

实物档案的三维数字化。实物档案数字化能将固定的档案资源实现虚拟化调度，动态性分配，跨空间、跨地域的需求分配，以达到利用效率最大化。数字化资源一次建立后可进行多次利用，通过 3D 建模软件和 3D 扫描仪对实物档案三维建模，真实还原档案实体的全部细节。实物档案三维数字化的一种方式是基于三维扫描测量的三维数字化，运用光学原理进行光学扫描或激光扫描，与纹理采集相结合，不接触实物即可获取表面几何信息和纹理信息，快速建立三维模型，是最精确的构建方式；另一种方式是基于环物摄影的三维数字化，运用摄影技术对实物进行 360 度全景拍摄，经处理后以三维全景影像的形式呈现。

三、档案展览中 VR 技术的应用形式

档案基本陈列 +VR。VR 技术在档案基本陈列中的一种应用是围绕档案展品，建立具有沉浸感的虚拟展厅，在展厅中呈现有立体感的档案，或再现及重构档案故事，使用户借助 VR 头盔、数据手柄等设备实现边"走"边看。特别是珍贵档案多被陈列于展柜中，用户无法对档案实体进行触摸和全方位观察，而 VR 技术对档案实体三维建模，外接感应终

端传递文物形态、重量、质感等外部特征，使用户可以进行旋转、放缩等操作，对珍贵档案还可以进行虚拟翻页，获得高满足感的沉浸式、交互式体验，但这种应用形式需要非常大的经费及技术投入。另一种是采用虚实结合的方法，此时用户通过手持智能设备对感兴趣的展品进行图像识别，就可以在设备上显示档案的三维图像，同时播放档案及其相关故事的文字和音视频讲解，比单纯的语音讲解更加生动有趣，给用户传递的信息量大且形式多样，有较强的交互性，但一定程度上缺少了沉浸感。

网上展览+VR。网上展览可利用VR进行档案实体的三维展示，便于将同一主题的文字、照片、音视频等不同内容形式的档案综合展示。这种VR应用一般不需要额外的VR设备，但需要VR系统用于显示三维虚拟展厅，实现全景展览。用户利用鼠标或键盘向VR系统发出指令，就可以在虚拟大厅漫游、观察展品细节、听展品的多媒体式解说等。这在呈现方式上类似于"档案基本陈列+VR"中虚实结合的应用形式，但用户可以不受固有时间、空间和逻辑的限制，获得沉浸式享受。

移动客户端展览+VR。"互联网+"时代，移动智能终端成为公众连接社会的重要媒介，使用移动智能终端进行社会交往也成为人们习惯的一种方式。将VR技术应用于移动客户端展览，是一种新颖的档案展览形式，对激活潜在档案用户、扩大档案展览空间、丰富展览形式有较大的推动作用。"移动客户端展览+VR"与"网上展览+VR"的形式类似，但前者的突出优势在于用户使用更加便捷，VR设备更加通用、便宜。比如在智能手机中装入Google Cardboard眼镜盒子或类似设备，用户便能通过手机屏幕进入虚拟三维展厅，有较高的沉浸感。即便不借助VR设备，档案馆也可将档案展览的实景及实物档案进行三维建模还原，或利用全景摄影技术合成全景图片，用户只需一机在手，便可无死角观看展览场景及展品的全部细节，此种将档案展厅"搬"到手机上的形式，更易应用、更方便传播。

信息技术始终是档案事业发展的强大推动力。《国家创新驱动发展战略纲要》《"十三五"国家信息化规划》等国家重大政策规划都对VR技术的发展与应用做出了具体规划和部署，明确提出鼓励和支持VR产业发展，为档案服务创新提供了良好机遇。5G时代高速率、低延时的传输特性能够有效提升用户的VR体验，为便捷化、智能化VR技术与设备的普及进一步提供了可能。VR技术与档案展览相结合，能使档案展览形式更加多样，有助于讲好档案故事，更好发挥档案馆"五位一体"的功能。

第五节 VR技术的园林景观设计

本节讨论了VR在景观规划领域的实践应用：运用AutoCAD、3DS MAX、VR技术、MARS3D等相关前期软件平台，将一个实际落地项目作为研究对象，从早期的方案到模型搭建再到VR体验等一系类测试，找出测试的难点与重点，为今后进一步展开实验研究提供参考。

园林景观设计是集自然科学与人文艺术于一身的综合性应用学科。俞孔坚认为："景观设计是关于土地的分析、设计、管理、规划、保护和恢复的科学与艺术。"随着 VR 技术的出现，在园林景观设计领域的应用也开始逐渐兴起。

虚拟现实是利用计算机设备模拟生成一种三维模拟空间，让使用者通过视觉、听觉、触觉、嗅觉等感官去体验虚拟空间，产生一种身临其境的感受。随着 VR 技术的发展和设备的不断便捷化、低成本化，2016 年成为"VR 商用元年"，越来越多的厂商开发便携式、低成本的 VR 体验设备，VR 技术也逐渐走入寻常人家，更多的行业也开始研究如何与 VR 技术相结合，利用 VR 技术改变行业的发展。如今，VR 技术在园林景观设计领域的应用也开始逐渐兴起。本节将从园林景观设计、风景园林教育与 VR 建模的园林效果展示 3 个方面来探讨 VR 技术与传统风景园林技术领域的融合带来的好处。

从市场来看 VR 产品主要有硬件设备和内容两大类，其中硬件主要有头戴设备，例如：眼镜、头盔、一体机等；还有非头戴设备和手套；其中内容主要有场景、游戏、分发平台等。

头戴 VR 设备是通过沉浸式的头盔或者 VR 眼镜，用户可以直接置身于虚拟世界中，体验到十分真实的场景与感受，用户使用效果较好，也是 VR 技术设备的一个主要发展方向。非头戴产品以体感类设备为主，由于技术条件限制，该类产品在过去一段时间，是大家体验 VR 的基本方法，不过比起头戴 VR 设备，非头戴设备并不能提供很好的用户体验，无法使人身临其境地进行感受。而作为头戴设备的附属产品，手套的设计出发点就是为了更好地体验头戴 VR 产品，通过手套，用户增加了触觉体验，因此能更全面地体验 VR 产品。

一、VR 技术在园林规划设计中应用

现状的调研是为开展规划设计的基础，现阶段比较常见的是拍照记录的调查手法。影像和相关文字的记录，同时结合一些需要甲方提供的相关基础信息和数据是设计师们常见的数据资料，但是这些数据在后续的工作中不能持续性地造成感官影响，从而降低设计师的场地感受。利用全景地图设计师可以通过全景图路径控制功能，随时利用自己的智能手机搭载的 VR 等设备即可观看自己手机拍摄的场地全景图，逼真的场景效果展示、还原的空间视觉感受，都使我们能够随时为专业设计师快速回想现场的细节设计，提供充分的帮助和支持。

园林专业教育需要充分调动和培养学生的想象力，例如风景园林设计专业的学生需要充分学习绘图所必须掌握的空间感、距离感、平面立面转换的能力、想象力等基本素质，这些抽象的、感知层面的教学内容很难单纯凭借教师的图画和语言表达能力来进行描述。基于 VR 对于三维空间的立体还原与虚拟空间建模的功能，可以将其作为入门教学过程中辅助的道具，从而能有效训练和提高学生对于空间的立体感知力和三维空间与平面转换的能力，能够在进行风景园林设计专业教学时更加直观地帮助学生们培养和提高想象力和设计思维感觉。这种直观而且具有实际互动性的立体模型教学手法，可以迅速地培养和提高初学者的立体空间视觉感受的能力。

二、VR 技术在园林规划设计课程应用的实践

风景园林规划设计方向的教育是高等院校培养未来的风景园林设计人才的一个重要途径，而风景园林设计教学中也需要充分调动和培养学生的想象力，例如风景园林设计专业的学生需要充分学习绘图所必须掌握的空间感、距离感、平面立面转换的能力、想象力等基本素质。这些抽象的、感知层面的教学内容很难单纯凭借教师的图画和语言表达能力来进行描述。这就是为什么造成许多高校的学生在早期学习风景园林设计过程中因对于空间与立体认知的能力差异、立体设计想象力的不足等一些问题而对园林设计无从下手，也不知道什么样的设计方式才是更好的景观设计，就是大家常说的"入门难"的风景园林景观设计问题。

项目选型与模型搭建。在初次尝试将 VR 技术运用于园林设计时，对于项目组是一个不小的挑战，于是项目组决定以指导老师的一个实地项目作为基础，进行规划设计。项目组对新疆水电院总局的建筑周边环境进行了设计。在手绘方案绘出后，项目组经过了一番讨论修改，完成了 CAD 图纸。在平面方案出炉后，交予项目组小组成员进行 3DS MAX 模型的建立。将植物，地形，人物等模型按照设计方案一一建立。项目组在地形方面进行了详细的处理。对于简单的地形，可以使用 3DS MAX 中的位移（displace）修改器制作。通过位移修改器对三维物体施加一个灰度图，使三维物体对应图上亮的地方产生凸起，从而亮度的不同会导致凸起的程度不同。然后将设计的地形用 Photoshop 处理成一张灰度图，在 3DS MAX 中作为位移修改器的贴图施加到一个平面上，得到项目组想要的地形。在平面图与 3D 模型建立完毕后，项目组开始尝试将模型导入 VR 平台。项目组采用的是 MARS3D 平台，将模型置于坐标原点附近，便于进入 MARS3D 后能马上看到模型因为 MARS3D 默认进入漫游的起始位置是坐标原点。然后清理掉不需要的模型，将材质都修改为标准材质，将模型按类型划分为多个区块，尽量保证各个区块的面数相等。继而运用插件将每个区块的模型塌陷在一起。最后调整好模型将其导入即可。

VR 场景的生成与测评。将模型成功导入制作完成后，项目组将制作出来的虚拟视频带给周边的老师、同学们，并请他们戴上 VR 眼镜进行体验。等他们体验完毕后，项目组对他们进行了一系列的体验感官的采访，将他们的感觉与意见记录下来，并进行分析与整理，为项目组更好地提高项目组的视频质量做准备。

树木、复杂地形等模型的制作问题。树木在建筑园林景观的设计与模型制作中一直是必不可少的一种景观元素，其景观表现的好坏将直接影响到整个园林景观设计过程表现的效果。但由于一棵树本身就可以拥有成千上万片的树叶，做成一个模型植物完成后所需要用到的树叶面积可能达到百万的数量级，这对现阶段的普通计算机来说，实现流畅的 VR 体验效果几乎是不可能的。为了解决这个复杂的问题，有这样一种解决办法：就是对于左

右对称的植物，关联的方法是复制一棵左右对称树木的平面公告板，然后将这两个平面的树木公告板相互关联垂直，这样不管在什么样的角度摄像机都能清晰地看到一棵完整的树。但要特别注意的是，当一个摄像机与某一面几乎完全垂直时，就与另一面几乎完全平行了，这时的垂直会使树木外观看上去显得有些不自然。

VR 场景展示效果的局限。VR 技术在产品推广以及服务器的升级应用方面都面临着一系列的挑战和难题，如转帧的速度不够、画面不够流畅，对于设计场景的实际使用情况也不能够准确地展现表达出来，容易让人出现视觉画面停滞、真实感不强的感受。制作精良的 VR 视频技术能让大多数初次进行尝试的 VR 平台的用户都感到兴奋和惊叹。但是除了真实的视觉，其他的各种感觉仍不能及时得到良好的呈现，如嗅觉、触觉等。有些同学甚至表示"感觉自己进入了一个盒子，来到空旷的地上，想奔跑却被困在了原地"。这种感觉是目前流行的虚拟世界结合现实视频技术带给大多数人的另一种感觉。

虽然虚拟现实技术已经作为未来的景观设计领域的重要技术和应用发展方向，有着极大的技术优势和广阔的应用发展前景，但是在具体的开发和推广应用中还是存在着各种各样的阻碍。一方面，使用者应解放思想，把握发展机遇，大胆利用新技术；另一方面，虚拟现实技术服务商还需要进一步加强对基础设施创新技术的开发和研究，加大对数据处理以及其他沉浸式装备的技术研究和投入，充分地提高其用户体验性。

第六节　图书馆应用 VR 技术创新服务

探究虚拟现实（VR）技术在图书馆服务工作的具体应用，分析 VR 技术在图书馆的应用现状、带来的创新服务及存在的问题。通过国内外图书馆应用 VR 技术的对比，应用 VR 技术在场景虚拟建设、三维资源建设、三维检索服务、参考咨询服务等图书馆服务创新，探讨图书馆未来应用 VR 技术创新服务的发展方向以及所需要遵循的原则。

VR 技术将会在图书馆服务中发挥重要的作用。VR 技术能直观构建虚拟环境，使图书馆服务工作人性化和个性化，增加读者亲切感与体验感，具有新奇性和趣味性。这样可以满足新一代读者对图书馆的体验需求，吸引更多读者进入图书馆利用资源与服务。那么，探究 VR 技术下图书馆服务创新具有重要意义。

VR 是 Virtual Reality 的缩写，中文表达就是虚拟现实，也称灵境技术或人工环境。VR 技术是一种以计算机技术为核心，融合了多学科、多领域的智能技术。它模拟人的多种感官功能（视觉、触觉、听觉、味觉等）生成逼真一体化的三维空间虚拟环境，用户借助一些特殊设备，采取自然的方式进入虚拟世界，与之交互，相互影响，激发用户想象，从而产生亲历其境，甚至突破时间与空间以及其他的限制感受到真实时间无法得到的体验与感觉。VR 技术的核心是建模与仿真，具有鲜明的技术特征。总体来说，VR 技术具有三个基本特性：沉浸性、交互性、构想性。VR 技术已经广泛应用于各行各业，包括医学、教育、工业仿真、娱乐等。

一、VR 技术在图书馆应用分析

国内外 VR 技术在图书馆的应用现状。目前，国内外都有不少图书馆已经应用 VR 技术了，国外较早开展 VR 应用的是芬兰奥卢大学图书馆，在 2004 年开发了寻书导航应用的智慧图书馆系统。美欧等一些发达国家较大的图书馆早期都已应用 VR 虚拟技术开展服务。如：美国斯坦福大学、北卡罗来纳州立大学等；而我国最早是国家图书馆，在 2008 年上线第一套可交互的图书馆虚拟现实系统。经过多年的积极探索实践，国内越来越多图书馆进行了 VR 技术的应用。如上海图书馆的"虚拟现实图书馆服务体系"、北京西城区图书馆的"少儿智慧空间体验馆"、清华大学图书馆的"小图"、上海交通大学图书馆的"虚拟漫游"、浙江大学牵头的 CADAL 项目等等。这些图书馆通过对 VR 技术的应用，创新服务途径与方式，使公众读者体验到 VR 技术的魅力。

目前图书馆应用 VR 技术带来的创新服务。

虚拟场景服务。利用 VR 技术根据现实图书馆的实体构建逼真的三维立体虚拟场景，然后通过虚拟图书馆提供相应服务，也是目前较多图书馆采用的服务。虚拟场景建设，是再现实体场景，方便读者不用真实到馆也可以"真实"地了解图书馆的空间结构、馆藏资源、服务布局等，对图书馆获得感性认识，能快速熟悉及利用。虚拟场景服务之一：空间导航，如上海交通大学虚拟栏目，满足学生导航需求。之二：馆舍漫步。在虚拟图书馆中，读者像身临其境一样，随意走动、浏览、直观感受馆舍风貌，通过设备还可以体验其他虚拟服务，与之交互。如武汉大学图书馆 3D 漫游系统、新加坡国立大学图书馆的虚拟漫游系统。相对来说国内图书馆在场景建设方面以虚拟漫游空间为多，而国外尤其是欧美国家则大多数建立虚拟书架。漫游服务还可以和高校馆的新生入馆参观结合起来，新生通过虚拟漫游随时都可以"真实"体验现实的图书馆结构和布局，不用像以前那样组织实地参观，这样节省人力、物力，既安全又有效，又不麻烦，达到双赢状态。

3D 馆藏资源服务与检索服务。图书馆资源的利用率不高，包括纸质物品资源和电子资源。纸质物品资源按传统实地开馆借阅会占用图书馆很多馆藏空间，而且不利于读者查找；目前电子资源基本都是以二维为主，没有 3D 立体感，直观可视化程度差，表现效果和利用效果不佳。VR 技术具有 3D 建模与可视化功能，可以有效解决上面纸质资源与电子资源存在的局限性。通过用 VR 技术对纸质图书和二维电子资源进行三维立体化处理，然后按照实际位置在虚拟图书馆环境中展示出来，使馆藏资源丰富化、形象化、易理解化，以及不可接触资源能虚拟接触。如特色馆藏资源虚拟展览、艺术品触摸式虚拟展览等，浙江大学的 CADAL 项目的虚拟现实应用服务主要体现在虚拟资源阅读、资源评价与推荐、古籍资源的利用三个方面。CADAL 项目实现了部分数字资源及其物理载体的 3D 虚拟展示，以动画方式展现海量图书的阅读平台，让读者像真的在图书馆中翻阅图书，而且可翻阅珍贵古籍、触摸古老的古董。读者在翻阅与欣赏图书或者展品时还可以在虚拟环境中对其进行评价或者推荐，也可以和别的读者进行互动交流。

应用 VR 技术进行文献资源检索。读者的检索都可以在虚拟的环境进行，不需要读者懂得分类法等图书馆专业的知识，方便快捷帮助读者查找图书。目前国内外少数图书馆将 VR 技术用于图书馆信息检索服务领域，而且停留在检索结果可视化程度的 3D 定位导航以及虚拟书架。如南京师范大学图书馆的实时虚拟书架，上海交通大学图书馆的图书定位导航系统的二维平面突破三维可视化，是服务质量的提升，极大方便了读者。

参考咨询服务。传统现实的参考咨询是人与人的沟通交流，VR 技术具有交互特性，正好可以用在参考咨询上，通过虚拟现实技术模拟馆员、读者交流的虚拟环境，让读者可以咨询和交流。在参考咨询这项服务方面，国外国内采取的方式不一样，国外图书馆则大都是在第二人生（Second life）平台上设置馆员模拟现实咨询给的读者真实感的咨询；国内图书馆则是采取智能机器人与读者互动交流咨询，其中最为典型就是清华大学的"小图"，2010 年年底，"小图"开始投入使用，它可以与读者进行对话，提供图书馆相关信息咨询服务，有图书检索的功能，还能自我学习，读者可以与之交流，还可以对其培训。参考咨询方面应用 VR 技术还处于起步阶段，还存在缺陷性，无法发现读者完全沉入虚拟环境、与人面对面交流的体验感。

目前图书馆应用 VR 技术创新服务存在的问题。

服务理论创新多，应用实践创新少。国内的图书馆目前阶段在 VR 技术方面存在着偏向服务理论创新研究，创新服务实践很少，少数图书馆使用 VR 相关技术与产品的问题，国外也存在相同问题。原因有很多：首先是资金经费原因，VR 技术是高新先进技术，需要大量资金购买建设相应的设备和引进人才等。很多中小馆缺乏资金支持，无法自建或者引进虚拟现实（VR）技术项目。只有少数高校大馆才有资金和人力去开展 VR 项目；再者是观念问题，认为 VR 技术应用对图书馆没什么大作用，不值得大资金去投入，缺乏对 VR 技术正确认识，认为其还不成熟，处于理论研究阶段，现阶段无法应用；还有人才原因，国内大多数图书馆馆员没有具备 VR 技术应用相关知识。

应用 VR 技术创新服务缺乏深度。目前图书馆开展的 VR 服务少，也比较简单。主要是对图书馆场景的虚拟，即简单的空间漫游、场景虚拟熟悉、VR 体验。除了少数图书馆外，其他对场景虚拟、资源虚拟、检索服务、参考咨询等都处于表面的探索应用，停留在形式的创新，没有将管理服务与技术结合起来，没有应用到服务的本质上，缺乏深度创新。

应用 VR 技术缺乏整体性与统一性。这个问题，国内的图书馆较为突出。首先是图书馆内部应用 VR 缺乏的是整体性。目前应用 VR 技术的图书馆都是单一地就某项管理或者服务展开创新，缺乏从整个图书馆生态系统，技术关联系统出发考虑。无法从整体构建虚拟图书馆给读者整个虚拟空间真实服务的感觉，导致读者整体体验感不高。再者就是缺乏统一性，目前国内没有统一的标准，没有统一参数或者行业标准。很多图书馆应用 VR 技术都是"各自为政"，缺少统一平台，相互之间也缺乏合作，导致 VR 服务比较松散，普遍读者适用度不高。

二、VR技术驱动下图书馆服务的发展方向与原则

（一）图书馆应用VR技术创新服务的发展方向

馆藏资源检索可视化。目前的图书馆应用VR技术只能做到检索结果的可视化，检索过程的可视化还没有做到。将来我们应用VR技术创新检索可视化必然是全过程的可视化。通过VR技术对传统检索服务过程与结果进行虚拟，读者可以在虚拟空间检索，就像读者"真实"在现实图书馆检索查找书本一样。读者在虚拟空间检索后，根据虚拟空间的虚拟馆藏图书馆精确的定位系统，可以导引自己找到书本空间虚拟位置或者根据书本的三维环境及查找路线，清楚了解图书的定位，方便借阅。

读者服务个性化。将来图书馆应用VR技术会带来个性化、针对特定功能服务，或者部分特殊的读者，甚至服务于某个人。例如：结合读者个人数据，利用VR技术与大数据结合读者个人特点，通过分析为读者提供量身定做的参考咨询服务；面对视障读者，通过VR技术结合视听技术应用，使视障读者能在虚拟空间和正常人一样，正常漫步图书馆，了解功能布局，浏览图书及使用图书馆资源；还可以进行虚拟教学、活动、培训与交流服务，通过VR技术模拟构建教室、活动现场、交流空间等，参加者能沉浸于这样的虚拟学习环境，自然与现实一样进行教学，举办活动、讲座，相互交流等。

VR服务整体化。目前国内或者国外图书馆应用VR技术来创新服务基本上都是单一的，如场景虚拟服务，资源3D服务或者参考咨询，都是分开单一实现，两者无法贯通，用某项服务时只能进入相对单独的虚拟环境。而图书馆现实的服务是整合的、一条龙的，不是分散单独的，是你中有我、我中有你的。图书馆应用VR技术创新服务也应该达到这样的特点，VR虚拟服务应该是一个整体。进入虚拟图书馆中，既可漫游馆舍，又可浏览3D资源，以及进行可视化检索。同时，漫游时可以与虚拟馆员交流互动、进行参考咨询等。就像现实图书馆中读者进入同一个环境，能够顺着时间或者空间的顺序享受图书馆提供多种服务。

（二）图书馆服务应用VR技术的原则

图书馆应用VR技术进行服务需要以需求为导向，以实际为基础，以创新为突破口，以提升服务质量为目标的总体原则。以需求为导向，即读者、社会、自身需要什么，就要考虑做什么，需要VR技术，那么就考虑引进；以实际为基础，就是要求每个图书馆应用VR技术要考虑自身图书馆的实际情况和特点，要量力而行，考虑资金和自身条件，实事求是，区分哪些服务可以应用，不可盲目所有都应用；以创新为突破口，利用VR技术创新我们的服务，打破原有的管理与服务体系，构建新的服务窗口，才能满足读者新的需求；以提升服务质量为目标，应用VR技术的目的就是多渠道、多手段提供服务、创新服务，

完善图书馆服务能力，提升图书的管理水平和服务质量。服务质量高了，读者才会满意，才会来图书馆利用图书馆资源和信息，这样我们图书馆才有存在价值。

第七节　VR 技术在安全领域的应用思考

所谓 VR，是 Virtual Reality 的缩写，中文意思就是虚拟现实技术，具体来说就是采用计算机人机交互手段生成三维动态视景，实现其核心建模与仿真的理念，逐步使计算机"适应"人，创建和体验虚拟世界，能够使用户具有身临其境的沉浸感。

一、VR 技术应用于安全领域的优势显而易见

中国在安全领域方面也对 VR 技术的应用进行了思考探察和尝试。安全无小事，生命大于天。未雨绸缪，防微杜渐，防患于未然，每个企事业单位都把安全放在第一位。行业中生产操作具有一定危险性的更要把安全记在心里，时刻提醒自己小心谨慎。尤其是石油、矿山、消防、电力等安全风险较大的行业，安全更是重中之重，特别关注，每年都在安全设备器材、安全教育培训、安全实训演练等方面投入大量资金。VR 技术的出现和应用，令安全从业人员兴味盎然。据了解，火灾、地震、自然灾害等逃生演练，毒气泄漏、溺水救援安全实训，交通安全教育培训，用电、用气安全教育培训等等，都可用 VR 技术进行模拟实训演练。随着 VR 技术的进步，将来在安全领域占有的分量会更多、更重，因为，应用 VR 技术后，优势显而易见。

应用 VR 技术于安全教育实训演练，可跨地域空间进行，高效率低成本，便捷普及，可常态化，利用率高。一旦事故发生，如何将损失降到最低限度，最大可能地保障员工的生命安全，是企业一直殚精竭虑在思考的问题。若能定期进行应急演练倒是一种有效地防范方式，不过其中弊端也非常明显。每次实训演练都意味着大量人力物力的损耗，投入成本相当高，而且影响正常的生产工作，因而注定不可能频繁进行。大型演练一个季度能举行一次已是难能可贵。有时受地域、空间、时间影响，想进行某些实训演练却不得实行。而在网络技术发达的情况下，VR 安全教育实训演练可将各种事故现场仿真模拟，不但大大降低成本，而且未来可期待跨地域进行实训演练。同时演练时间灵活机动，可常态化，方便人们在不影响正常工作的空闲时间多次进行多种场景的安全应急演练，还可针对自己的短板或工种，对遭遇可能性大、较生疏的场景进行重复演练，确保记住关键点、要点。如此，不仅能保障人们学会事故突发时应对灾难险情的技能技巧，还可打破时间、空间的限制组织大家进行多次实训演练，提高了演练实训时间。高效率低成本，利用率高，为应急实训演练推出了一种令人耳目一新的开展模式。据说这种案例已有企事业单位在应用，随着技术的成熟与提升，此种模式将成为未来安全应急实训演练的大势所趋。

应用 VR 技术于安全教育实训演练，可尽情尝试，降低风险。安全实训演练中出现安全事故，这在实际中并不罕见。但应用 VR 技术于安全教育实训演练后，既可身临其境地体验生动逼真的毒气泄漏、火灾、爆炸、地震、溺水、用电、交通等灾难及安全隐患场景，又无须接触真实危险有害物质，不必承担实际现场可能遭遇的安全风险。因为虚拟现实场景比真实场景安全得多，即使不小心做出误操作，现实中可能已经闯下大祸酿成恶果，但虚拟实训演练能令参训人员在得知误操作的严重后果的同时，也确保参训人员的生命安全，降低高危操作的安全风险。如此一来，参训人员尽可以放心大胆地在虚拟场景中尝试自己所思考的各种应对方案，纵然错了，也只是演练评定的分数受影响，不必担心人身安全而束手束脚。VR 安全实训演练，能卸掉参训人员的安全风险包袱，解放思想，尽情演练尝试，不厌其烦反复练习，极端操作也无安全之虞。虚拟现实场景的失误却可保证印象深刻技能提升，做到了真实现场不犯错，安全操作，正确实施。对于安全风险事故多发的行业，如油气、消防、航空、航天、矿山、机械、电力、交通等来说，传统培训演练效果有限，因而 VR 安全实训演练特别适用，异常重要。

应用 VR 技术于安全教育实训演练，沉浸式亲身体验，专业高仿，体系服务，印象深刻，记忆恒久。

VR 场景模拟现实需要演练的环境搭建，针对训练内容或教育要求进行系统和内容情景开发，可以模拟任何事故、灾难场景及实训项目。全场景仿真，使参训人员地理位置不变而轻松置身于各种突发环境和意外复杂状况接受相应教育和训练，提升紧急情况下的应变能力和处理技巧，避免一些不必要的错误造成人身危险和财物损失。为保证全方位调动参训人员的视觉、触觉、听觉、嗅觉、味觉和运动感知等，VR 安全教育实训演练配备相应的设备设施以实现身体和精神感受的连接，其中的操作规程和交互规则也立足于实际操作规范和现实物理定律，力求参训人员进入后达到身临其境的沉浸感。VR 安全教育实训演练还可以结合评估测试系统，成为体系化的完整系统，监控教育实训演练过程，对单人实训、多人联合演练的结果进行分数评定和考核，不达标的提出重新训练，或参训人员根据自身情况进行多次练习，实现一体化的服务流程。VR 技术真正实现理想的状态下，甚至可以达成虚拟和现实难辨真伪的零差距程度。因而 VR 安全教育实训演练，可以使参训人员如同亲身经历真实场景一般印象深刻、记忆恒久。

二、VR 技术现今在安全领域的应用状况

VR 技术的优势受到普遍认同，被视为 21 世纪最具市场前景和应用价值的技术之一。或许任何能促进伟大变革、划时代的东西，前期都要经历幼稚的阶段，正如婴儿的蹒跚学步，不断重复着跌倒和爬起。VR 技术应用于安全领域可预期前景无限美好，但 VR 技术现今在中国安全领域的实际应用状况并不喜人。

（一）VR 技术现今在中国安全领域应用状况不佳的原因

细细思考之下，原因是多方面的。

当前中国的 VR 技术远未成熟，安全领域的应用、内容开发受到较大局限，效果不尽如人意。理想的 VR 技术应具备一切正常人的感知功能，即不只视觉，还包括听觉、触觉、味觉、嗅觉、运动感知等等，能虚拟所有的现实特征，具有多感知性，可以达到使模拟环境中的用户真假难辨的真实程度。并且，理想的 VR 技术还应该能使模拟环境中的物体依据现实世界的物理运动定律进行自主动作，用户可对物体进行操作并得到相应反馈。要实现上述理想的 VR 技术效果，硬件、软件都要跟得上要求。

首先，我国当前开发的 VR 硬件设备，处理速度远远无法满足虚拟现实大数据传输的需求，存在使用不便、效果不佳的显著问题。目前 VR 技术的主要硬件就是头显装置，但我国 VR 还在技术摸索发展时期，头显清晰度不够、场景切换慢、控制不灵活等问题难以避免，大大影响体验效果，和用户预期效果有着不小的差距。

同时，我国 VR 技术在相关的语言、算法、技术处理、辅助设备设计方面也尚需进一步提高。例如：三维建模技术需要完善和提高，高速图形图像处理、集合与物理建模方法还有很多疑难没研究透彻，人工智能等领域、新型传感机理存在诸多问题亟待解决。又因为受硬件局限性的拖累，VR 软件在开发上虽然耗费不菲却效果无多，可用性差。

而且，目前 VR 技术的多感知性和交互性尚未完全完善，安全领域的内容开发不足。现在的 VR 技术虚拟感知多重在视觉合成，投放在运动感知、听觉、触觉方面的关注不多，嗅觉、味觉方面的设备还未能配套和商品化。另外，语音识别尚需提高，人工智能也有待加强，交互方面还无法达到让人满意程度，所以用户离身临其境的沉浸感还有不小的距离。

虽然在热潮时期，VR 技术的魅力已可真切体验到，其辉煌前景也能初步窥探，但上升到行业层面，即使未来趋势毋庸置疑，却也必须承认，我国的 VR 技术仍处于稚嫩期，无论硬件、软件都亟待成长，缺乏统一的规范，核心专利、底层专利都是国外的。因为受到以上种种限制，VR 技术在安全领域的应用、内容开发举步维艰，效果不尽如人意。

当前 VR 技术设备昂贵，在安全领域的应用、内容开发价格十分高，推广受到限制。当前 VR 技术的硬件设备，在视觉方面多为头盔式立体显示仪或 VR 眼镜等；触觉、位置感方面有操作手柄、数据手套、数据服、空间定位基站等，如果是多人协作方式，还包括激光定位光塔、追踪器、定位与动作捕捉器，听觉方面则为立体音响；另外还有语音识别、眼球运动检测方面的装置。不久的未来，还会逐渐开发出模拟味觉和嗅觉的设备。而 VR 相关设备里，仅一个头盔式显示器再加上配置电脑主机，其成本就达上万元，更别提高端设备。

而要开发安全领域应用方面的 VR 内容，其成本也十分高昂。据了解，仅仅是系了安全带后有高空坠落效果的 VR 内容开发，不到一分钟时间的体验，某家公司就为此付费百万。若想要更加具体、丰富、规模更大的安全领域方面 VR 内容，费用将是天文数字，一般公司承担困难。

设备和内容开发的昂贵价格，使VR技术在安全领域的应用推广感受到强大阻力。而应用、开发少，VR技术在安全领域方面难以发展提高，又使用户满意度无法提升，令VR技术在安全方面的发展更加艰难。

（二）VR技术在中国安全领域应用状况将得到改善

虽然VR技术应用于安全领域目前还存在不少问题，但纵观历史长河，无数先例告知我们，只要给予时间，随着VR技术在发展中不断改善进步趋向成熟，不只在其他各行各业会得到更加广阔更加深远的利用，在安全领域原有的问题也将如日出雪融，不再是问题。但我们需要等待多长时间呢？据资料可知，VR技术的发达国家如美国，已经在航空、卫星、空间站建立了VR训练系统，建立了供全国使用的VR教育系统。中国在20世纪80年代才引进VR技术，在前两年虽曾兴起热潮，但无论环境还是产业链都只初具雏形，软硬件技术都还很稚嫩，特别是核心技术与专利都是国外的。好在中国已经认识到问题，开始奋勇追赶，近两年VR技术发展平稳。对于VR技术，中国政策上已经有明确的鼓励，若能有强力的资金支持和完善的专利保护，相信中国的VR技术也会有喜人的进步。到那时，安全领域的VR技术应用想必能让我们大为惊喜！

安全是发展的基础，生命是希望的源泉。当安全携手VR技术，我们的生命就如战士披上了坚实铠甲，可以更加安心地勇往直前，开创中国的辉煌明天！

第七章　计算机视觉的基本技术

第一节　计算机视觉下的实时手势识别技术

在全球信息化背景下，越来越多的新科技逐渐发展起来，在图像处理技术领域，也取得了长足的发展。随着图像处理技术和模式识别技术等相关技术的不断发展，借助于计算机技术的巨大发展，人们的生活较以往有了巨大的改观，人们也越来越离不开计算机技术。在这种大环境下，人们也开始着重研究实时手势识别技术。本节就是基于计算机视觉背景，简单地介绍了实时手势识别技术，以及实时手势识别技术的一些识别方法和未来的发展方向，希望能够给一些对实时手势识别技术感兴趣的相关人员提供一定的参考和帮助。

在人类科学技术取得了飞速发展的今天，人们的日常生活中已经广泛应用到人机交互技术，其已经在人们的日常生活中占据越来越多的细分。在现代计算机技术的加成下，人机交互技术可以通过各种方式、各种语言使人们和机器设备进行交流。在这方面，利用手势进行人机对话也是特别受人欢迎的方式之一。所以，计算机视觉下的实时手势识别技术也被越来越多的人研究，而且已经初步成型，部分被我们利用，只不过，要实现实时手势识别技术的普及，还需要对其中一些相关技术加大研究，解决掉现在实时手势识别技术所存在的一些问题，为对图像的准确识别和依据图像内容做出准确的反应做保证。

一、实时手势识别技术介绍

（一）手势识别技术概述

手势识别技术是近几年发展起来的一种人机交互技术，是利用计算机技术，使机器对人类表达方式进行识别的一种方法。根据设定的程序和算法，使工作人员和计算机之间通过不同的手势进行交流，再用计算机上的程序和算法对相应的机器进行控制，使其根据工作人员的不同手势做出相应的动作。工作人员做出的手势可以分为静态手势和动态手势两种，静态手势就是指工作人员做出一个固定不变的手势，以这种固定不变的手势表示某种特定的指令或者含义，讲得通俗点即人们常说的固态姿势。另外一种动态手势，也就是一个连续的动作，相对于静态手势来说，就显得比较复杂了，通俗点说，就是让工作人员完

100

成一个连续的手势动作，然后让机器根据这一连串的手部动作完成人们所期望的指令，做出人们所期望的反应。

（二）手势识别技术所需要的平台

手势识别技术和其他计算机科学技术一样，都需要硬件平台和软件平台两个方面。在硬件平台方面，必须要配备一台电脑和一个能够捕捉到图像的高清网络摄像头，电脑的配置当然要尽可能高，具备强大的运算能力，能够快速运算，稳定输出，对摄像头的要求也比较高，要能够清晰地拍摄到操作者的手部动作，不论是固定的静态手势还是一个连续的动态手部动作，都要能够清楚地记录跟踪，并传送给电脑。另外一个方面是软件平台方面，一般都是利用 C 语言开发平台，通过一些开源数据库，编写成一定的算法和程序，再配上视觉识别系统，利用这些程序进行控制和运行，分别实现对各种不同的静态手势和动态手势的识别，实现人机交互的功能。

（三）手势识别技术的实现

录入摄像头拍摄到的图像视频对视频软件进行开发可选择的操作系统有很多，不同的研发单位可以根据自己的情况进行选择，为了让摄像头能够捕捉不同的视频画面，这就对摄像头画面能力的要求特别高，这也是在机器上重要的一步，然后再通过建立不同的函数模型，对这些函数模型以一定的程序来调用，再在建立的不同窗口来进行显示，在所使用的摄像头上也要装上一定的摄像头驱动程序，来驱动摄像头工作。以此，便可以根据相关的数据模型，把捕捉到的视频或图像画面，在特定的窗口中显示出来。

将摄像头读取到的手势动作进行固定操作。对于实现手势的固定操作要通过不同的检测方法，最常见的固定方法有两种：运动检测技术和肤色检测技术。前一种固定方法指的是，当做出一个动作时，视频图像中的背景图片会按一定的顺序进行变化，通过对这种背景图片的提取，再和之前未做动作所保留的背景图片做对比，根据背景图片的这种按顺序的形状变化的特点来固定手势动作，但是由于有一些不确定因素的影响，例如天气和光照等，它们的变化会引起计算机背景图片分析和提取的不准确，使运动检测技术在程序设计的过程中比较困难，不易实现。而后一种肤色检测技术正是为了减少这种光照或者天气等不确定因素的影响，来对手势动作进行准确的定位。肤色检测技术的原理是通过色彩的饱和度、亮度和色调等对肤色进行检测，然后再利用肤色具有比较强的聚散性质，会和其他颜色对比明显的特点，使机器将肤色和其他颜色区别开来，在一定条件下能够实现比较准确的固定手势动作。

手势跟踪技术。实现手势分析的关键环节是完善手势跟踪技术，从实验数据显示的结果来看，利用不同的算法来跟踪手势动作，能够对人脸和手势的不同动作进行有效地识别，如果在识别过程中，出现了手势动作被部分遮挡的情况，则需要进一步对后续的手势遮挡动作做出识别，通过改进算法来解决摄像头拍摄不全的问题，再应用适合的肤色跟踪技术，得到具体的投射视图。

手势分割技术。要在视觉领域应用计算机软件技术，对数字和图像进行处理，并且应用于手势识别领域，就要借助计算机手势分割技术。计算机手势分割技术是指在操作者的手运动的时候，摄像头采集并传递给计算机的图像数据，会被计算机当中的软件系统识别。如果不对动态手势图像进行手势分割技术处理，就有可能在肤色和算法的共同作用下，把算法数据转换为形态学指标，也就有可能导致数据模糊和膨胀，造成视觉不准确的现象。

二、计算机视觉下实时手势识别的方式

（一）模板识别方式

在静态手势的识别中经常被用到的最为简单的实时手势方式就是模板识别方式，它的主要原理是提前将要输入的图像模板存入到计算机，然后再根据摄像头录入的图像进行相应的匹配和测量，最后通过检测它的相似程度来完成整个识别过程。这种实时手势识别方式简单、快速。但是，由于它也存在识别不准确的情况，我们也要根据实际的情况需要，选择不同的识别方式，对此，我们要做出一个比较准确的判断。

（二）概率统计模型

由于模板识别方式存在着模板不好界定的情况，有时候容易引起错误，所以，我们引入了概率统计的分类器，通过估计或者是假设的方式对密度函数进行估算，估算的结果与真实情况越相近，那么分类器就越接近其中的最小平均损失值。从另一个方面来讲，在动态手势识别过程中，典型的概率统计模型就是 HMM，它主要用于描述一个隐形的过程。在应用 HMM 时，要先训练手势的模型库，而且在识别的时候，将等待识别的手势特征值带入到模型库中，这样对应概率值最大的模型便是手势特征值。概率统计模型存在的问题就是对计算机的要求比较高。计算机视觉下的实时手势识别技术及其应用都需要计算机有强大的计算速度。

（三）人工神经网络

作为一种模仿人与动物活动特征的算法，人工神经网络在数据图像处理领域中，发挥着它的巨大优势。人工神经网络是一种基于决策理论的识别方式，能够进行大规模分布式的信息处理。在近年来的静态和动态手势识别领域，人工神经网络的发展速度非常快，通过各种单元之间的相互结合，加以训练，估算出的决策函数，能够比较容易地完成分类的任务，减少误差。

三、实时手势识别技术在未来发展中的方向

（一）早日实现一次成功识别

以现在实时手势识别技术的发展现状，无论使用什么样的算法，基本上都不能做到一次性成功识别，都会经历多种不同的训练阶段，也不能够保证一次性准确识别成功。所以，在手势识别技术的未来发展中，我们的研究方向主要是要保证怎么样一次性快速识别，而且还要保证识别的准确性，这在未来实时手势识别技术的发展过程中是十分重要的，也需要我们在软件平台和硬件平台各个方面同时努力，加大研究投入，争取早日实现一次性成功识别，这样才能极大地提高手势识别的效率，能使实时手势识别技术得到更大的推广，为社会的生产做出更多的贡献。

（二）争取给用户最好的体验

虽然实时手势识别技术对于计算机来说，显得比较复杂，尤其对于图像的处理，但是对于它的体验者来讲，则是和传统的交互方式完全不同的另一种体验。但是从现状来看，实时手势识别技术还处于一个最基础的发展阶段，并没有给用户一个非常完美的体验，所以应该在发展实时手势识别技术的过程中，多和用户进行沟通，询问体验用户的感受，再切实制定新的发展策略，改进实施手势识别技术。一方面，我们要提高图像的录入质量和计算机运算的速度；另一方面，我们还需要切实考虑用户的体验感受，从多个方面入手研究，使实时手势识别技术能够给用户带来最好的体验。

在计算机视觉下的实时手势识别技术在今天的日常生活和科技发展中已经显得特别重要，其研究成果，在人机的沟通交流过程中具有非常重要的作用，可以极大地方便人与机器设备的沟通，让我们可以更轻松地对机器设备传递指令，方便快捷地完成某种动作，达到我们的目的。但是由于现阶段环境的复杂性和一些技术上的缺陷，实时手势识别技术在应用的过程中仍旧存在着一些不足，需要我们继续努力，加快发展，尽早实现实时手势识别技术的推广。

第二节　基于计算机视觉的三维重建技术

单目视觉三维重建技术是计算机视觉三维重建技术的重要组成部分，其中从运动恢复结构法的研究工作已开展了多年并取得了不俗的成果。目前已有的计算机视觉三维重建技术种类繁多且发展迅速。

计算机视觉三维重建技术是通过对采集的图像或视频进行处理以获得相应场景的三维信息，并对物体进行重建。该技术简单方便、重建速度较快、可以不受物体形状限制而实

现全自动或半自动建模。目前计算机视觉三维重建技术广泛应用于包括医学、自主导航、航空及遥感测量、工业自动化等在内的多个领域。

本节根据近年来的研究现状对计算机视觉三维重建技术中的常用方法进行了分类，并对其中实际应用较多的几种方法进行了介绍、分析和比较，指出今后面临的主要挑战和未来的发展方向。本节将重点阐述单目视觉三维重建技术中的从运动恢复结构法。

一、基于计算机视觉的三维重建技术

通常三维重建技术首先需要获取外界信息，再通过一系列的处理得到物体的三维信息。数据获取方法可以分为接触式和非接触式两种。接触式方法是利用某些仪器直接测量场景的三维数据。虽然这种方法能够得出比较准确的三维数据，但是它的应用范围有很大程度上的限制。目前的接触式方法主要有 CMMS、Robotics Arms 等。非接触式方法是在测量时不接触被测量的物体，通过光、声音、磁场等媒介来获取目标数据。这种方法的实际应用范围要比接触式方法广，但是在精度上没有它高。非接触式方法又可以分为主动和被动两类。

（一）基于主动视觉的三维重建技术

基于主动视觉的三维重建技术是直接利用光学原理对场景或对象进行光学扫描，然后通过分析扫描得到的数据点云从而实现三维重建。主动视觉法可以获得物体表面大量的细节信息，重建出精确的物体表面模型；不足的是成本高昂、操作不便，同时由于环境的限制不可能对大规模复杂场景进行扫描，其应用领域也有限，而且其后期处理过程也较为复杂。目前比较成熟的主动方法有激光扫描法、结构光法、阴影法等。

（二）基于被动视觉的三维重建技术

基于被动视觉的三维重建技术就是通过分析图像序列中的各种信息，对物体的建模进行逆向工程，从而得到场景或场景中物体的三维模型。这种方法并不直接控制光源、对光照要求不高、成本低廉、操作简单、易于实现，适用于各种复杂场景的三维重建；不足的是对物体的细节特征重建还不够精确。根据相机数目的不同，被动视觉法又可以分为单目视觉法和立体视觉法。

1. 基于单目视觉的三维重建技术

基于单目视觉的三维重建技术是仅使用一台相机来进行三维重建的方法。这种方法简单方便、灵活可靠、使用范围广，可以在多种条件下进行非接触、自动、在线的测量和检测。该技术主要包括 X 恢复形状法、运动恢复结构法和特征统计学习法。

X 恢复形状法。若输入的是单视点的单幅或多幅图像，则主要通过图像的二维特征（用 X 表示）来推导出场景或物体的深度信息。这些二维特征包括明暗度、纹理、焦点、轮廓等，因此这种方法也被统称为 X 恢复形状法。这种方法设备简单，使用单幅或少数几幅图像就可以重建出物体的三维模型；不足的是通常要求的条件比较理想化，与实际应用情况不符，重建效果也一般。

从运动恢复结构法。若输入的是多视点的多幅图像，则通过匹配不同图像中的相同特征点，利用这些匹配约束求取空间三维点的坐标信息，从而实现三维重建，这种方法被称为从运动恢复结构法，即 SfM（Structure from Motion）。这种方法可以满足大规模场景三维重建的需求，且在图像资源丰富的情况下重建效果较好；不足的是运算量较大，重建时间较长。

目前，常用的 SfM 方法主要有因子分解法和多视几何法两种。

因子分解法。Tomasi 和 Kanade 最早提出了因子分解法。这种方法将相机模型近似为正射投影模型，根据秩约束对二维数据点构成的观测矩阵进行奇异值分解，从而得到目标的结构矩阵和相机相对于目标的运动矩阵。该方法简便灵活，对场景无特殊要求，不依赖具体模型，具有较强的抗噪能力；不足的是恢复精度并不高。

多视几何法。通常，多视几何法包括以下四个步骤：①特征提取与匹配。特征提取是首先用局部不变特征进行特征点检测，再用描述算子来提取特征点。Moravec 提出了用灰度方差来检测特征角点的方法。Harris 在 Moravec 算法的基础上，提出了利用信号的基本特性来提取图像角点的 Harris 算法。Smith 等人提出了最小核值相似区，即 SUSAN 算法。Lowe 提出了一种具有尺度和旋转不变性的局部特征描述算子，即尺度不变特征变换算子，这是目前应用最为广泛的局部特征描述算子。Bay 提出了一种更快的加速鲁棒性算子。特征匹配是在两个输入视图之间寻找若干组最相似的特征点来形成匹配。传统的特征匹配方法通常是基于邻域灰度的均方误差和零均值正规化互相关这两种方法。Grauman 等人提出了一种基于核方法的快速匹配算法，即金字塔匹配算法。Photo Tourism 系统在两视图间的局部匹配时采用了基于近似最近邻搜索的快速算法。②多视图几何约束关系计算。多视图几何约束关系计算就是通过对极几何将几何约束关系转换为基础矩阵的模型参数估计的过程。Longuet-Higgins 最早提出多视图间的几何约束关系可以用本质矩阵在欧氏几何中表示。Luong 提出了解决两幅图像之间几何关系的基础矩阵。与此同时，为了避免由光照和遮挡等因素造成的误匹配，学者们在鲁棒性模型参数估计方面做了大量的研究工作。在目前已有的相关方法中，最大似然估计法、最小中值算法、随机抽样一致性算法三种算法使用最为普遍。③优化估计结果。当得到了初始的射影重建结果之后，为了均匀化误差和获得更精确的结果，通常需要对初始结果进行非线性优化。在 SfM 中对误差应用最精确的非线性优化方法就是光速发平差。光束法平差是在一定假设下认为检测到的图像特征中具有噪音，并对结构和可视参数分别进行最优化的一种方法。近年来，众多的光束法平差算法被提出。这些算法主要是解决光束法平差有效性和计算速度两个方面的问题。Ni 针对大规模场景重建，运用图像分割来优化光束法平差算法。Engels 针对不确定的噪声模型，提出局部光束法平差算法。Lourakis 提出了可以应用于超大规模三维重建的稀疏光束法平差算法。④得到场景的稠密描述。经过上述步骤后会生成一个稀疏的三维结构模型，但这种稀疏的三维结构模型不具有可视化效果，因此要对其进行表面稠密估计，恢复稠密的三维点云结构模型。近年来，学者们提出了各种稠密匹配的算法。Lhuillier 等人提出了能保持高计算效率的准稠密方法。Furukawa 提出的基于片面的多视图立体视觉算法是目前提出的准稠密匹配算法里效果最好的算法。

综上所述，SfM 方法对图像的要求非常低，鲁棒性和实用价值非常高，可以对自然地形及城市景观等大规模场景进行三维重建；不足的是运算量比较大，对特征点较少的弱纹理场景的重建效果比较一般。

特征统计学习法。特征统计学习法是通过学习的方法对数据库中的每个目标进行特征提取，然后对目标的特征建立概率函数，最后将目标与数据库中相似目标的相似程度表示为概率的大小，再结合纹理映射或插值的方法进行三维重建。该方法的优势在于只要数据库足够完备，任何和数据库目标一致的对象都能进行三维重建，而且重建质量和效率都很高；不足的是和数据库目标不一致的重建对象就很难得到理想的重建结果。

2. 基于立体视觉的三维重建技术

立体视觉三维重建是采用两台相机模拟人类双眼处理景物的方式，从两个视点观察同一场景，获得不同视角下的一对图像，然后通过左右图像间的匹配点恢复出场景中目标物体的三维信息。立体视觉方法不需要人为设置相关辐射源，可以进行非接触、自动、在线的检测，简单方便、可靠灵活、适应性强、使用范围广；不足的是运算量偏大，而且在基线距离较大的情况下重建效果明显降低。

随着上述各个研究方向所取得的积极进展，研究人员开始关注自动化、稳定、高效的三维重建技术方面的研究。

二、SfM 方法面临的问题和挑战

SfM 方法目前存在的主要问题和挑战是：

鲁棒性问题：SfM 方法鲁棒性较差，易受到光线、噪声、模糊等问题的影响，而且在匹配过程中，如果出现了误匹配问题，可能会导致结果精度下降。

完整性问题：SfM 方法在重建过程中可能由于丢失信息或不精确的信息而难以校准图像，从而不能完整地重建场景结构。

运算量问题：SfM 方法目前存在的主要问题就是运算量太大，导致三维重建的时间较长、效率较低。

精确性问题：目前 SfM 方法中的每一个步骤，如相机标定、图像特征提取与匹配等一直都无法得到最优化地解决，导致了该方法易用性和精确度等指标无法得到更大提高。

针对以上这些问题，在未来一段时间内，SfM 方法的相关研究可以从以下几个方面展开。

改进算法：结合应用场景，改进图像预处理和匹配技术，减少光线、噪声、模糊等问题的影响，提高匹配准确度，增强算法鲁棒性。

信息融合：充分利用图像中包含的各种信息，使用不同类型传感器进行信息融合，丰富信息，提高完整度和通用性，完善建模效果。

使用分布式计算：针对运算量过大的问题，采用计算机集群计算、网络云计算以及GPU计算等方式来提高运行速度，缩短重建时间，提高重建效率。

分步优化：对 SfM 方法中的每一个步骤进行优化，提高方法的易用性和精确度，使三维重建的整体效果得到提升。

计算机视觉三维重建技术在近年来的研究中取得了长足的发展，其应用领域涉及工业、军事、医疗、航空航天等诸多行业。但是这些方法想要应用到实际中都还要更进一步地研究和考察。计算机视觉三维重建技术还需要在提高鲁棒性、减少运算复杂度、减小运行设备要求等方面加以改进。因此，在未来很长的一段时间内，仍需要在该领域做出更加深入细致的研究。

第三节　基于监控视频的计算机视觉技术

近年来，大规模分布式摄像头的数量迅速增长，摄像头网络的监控范围迅速增大。摄像头网络每天都产生规模庞大的视觉数据。这些数据无疑是一笔巨大的宝藏，如果能够对其中的信息加以加工、利用，挖掘其价值，能够极大地方便人类的生产生活。然而，由于数据规模庞大，依靠人力手动处理数据，不但人力成本昂贵，而且不够精确。具体来讲，在监控任务中，如果给工作人员分配多个摄像头，很难保证同时进行高质量监视。即便每人只负责单个摄像头，也很难从始至终保持精力集中。此外，相比于其他因素，人工识别的基准性能主要取决于操作人员的经验和能力。这种专业技能很难快速交接给其他的操作人员，且由于人与人之间的差异，很难获得稳定的性能。随着摄像头网络覆盖面越来越广，人工识别的可行性问题越来越明显。因此在计算机视觉领域，学者对摄像头网络数据处理的兴趣越来越浓厚。本节将针对近年来计算机视觉技术在摄像头网络中的应用展开分析。

一、字符识别

随着私家车数量与日俱增，车主驾驶水平参差不齐，超速行驶、闯红灯等违法行为时有发生，交通监管的压力也越来越大。依靠人工识别违章车辆，其性能和效率都无法得到保障，需要依靠计算机视觉技术实现自动化。现有的车牌检测系统已拥有较为成熟的技术，识别准确率已经接近甚至超过人眼。光学字符识别技术是车牌检测系统的核心技术，该技术的实现过程分为以下步骤：首先，从拍摄的车辆图片中识别并分割出车牌；然后，查找车牌中的字符轮廓，根据轮廓逐一分割字符，生成若干包含字符的矩形图像；接下来利用分类器逐一识别每个矩形图像中所包含的字符；最后将所有字符的识别结果组合在一起得到车牌号。车牌检测系统提高了交通法规的执行效率和执行力度，对公共交通安全提供了有力保障。

二、人群计数

2014 年 12 月 31 日晚，在上海外滩跨年活动上发生的严重踩踏事故，导致 36 人死亡，49 人受伤。事件发生的直接原因是人群密度过大。活动期间大量游客拥入观景台，增大了事故发生的隐患及事故发生时游客疏散的难度。这一事件发生后，相关部门加强了对人流密度的监控，某些热点景区已投入使用基于视频监控的人群计数技术。人群计数技术大致分为三类：基于行人检测的模型、基于轨迹聚类的模型、基于特征的回归模型。其中，基于行人检测的模型通过识别视野中所有的行人个体，统计后得到人数。基于轨迹聚类的模型针对视频序列，首先识别行人轨迹，再通过聚类估计人数。基于特征的回归模型针对行人密集、难以识别行人个体的场景，通过提取整体图像的特征直接估计得到人数。人群计数在拥堵预警、公共交通优化方面具有重要价值。

三、行人再识别

在机场、商场此类大型分布式空间，一旦发生盗窃、抢劫等事件，嫌疑人在多个摄像头视野中交叉出现，给目标跟踪任务带来巨大挑战。在这一背景下，行人再识别技术应运而生。行人再识别的主要任务是分布式多摄像头网络中的"目标关联"，其主要目的是跟踪在不重叠的监控视野下的行人。行人再识别要解决的是在一个人在不同时间和物理位置出现时，对其进行识别和关联的问题，具有重要的研究价值。近年来，行人再识别问题在学术研究和工业实验中越来越受关注。目前的行人再识别技术主要分为以下步骤：首先，对摄像头视野中的行人进行检测和分割；然后，对分割出来的行人图像提取特征；接下来，利用度量学习方法，计算不同摄像头视野下行人之间在高维空间的距离；最后，按照距离从近到远对候选目标进行排序，得到最相似的若干目标。由于根据行人的视觉外貌计算的视觉特征不够有判别力，特别是在图像像素低、视野条件不稳定、衣着变化甚至更加极端的条件下有着固有的局限性，要实现自动化行人再识别仍然面临巨大挑战。

四、异常行为检测

在候车厅、营业厅等人流量大、人员复杂的场所，或夜间的 ATM 机附近，发生斗殴、扒窃、抢劫等扰乱公共秩序行为的频率较高。为保障公共安全，可以利用监控视频数据对人体行为进行智能分析，一旦发现异常及时发出报警信号。异常行为检测方法可分为两类：一类是基于运动轨迹，跟踪和分析人体行为，判断其是否为异常行为；另一类是基于人体特征，分析人体各部位的形态和运动趋势，从而进行判断。目前，异常行为检测技术尚不成熟，存在一定的虚警、漏警现象，准确率有待提高。尽管如此，这一技术的应用可以大大减少人工翻看监控视频的工作量，提高数据分析效率。

基于监控视频的计算机视觉技术在交通优化、智能安防、刑侦追踪等领域具有重要的研究价值。近年来，随着深度学习、人工智能等研究领域的兴起，计算机视觉技术的发展突飞猛进，一部分学术成果已经转化为成熟的技术，应用在人们生活的方方面面，为人们提供着更加便捷、舒适、安全的环境。展望未来，在数据飞速增长的时代，挑战与机遇并存，相信计算机视觉技术会给我们带来更多的惊喜。

第四节 计算机视觉算法的图像处理技术

网络信息技术背景下，对于智能交互系统的真三维显示图像畸变问题，需要采用计算机视觉算法处理图像，实现图像的三维重构。本节以图像处理技术作为研究对象，对畸变图像建立科学模型，以 CNN 模型为基础，在图像投影过程中完成图像的校正。实验证明计算机视觉算法下图像校正效果良好，系统体积小、视角宽、分辨率较高。

在过去，传统的二维环境中物体只能显示侧面投影，随着科技的发展，人们创造出三维立体画面，并将其作为新型显示技术。

一、计算机图像处理技术

（一）基本含义

利用计算机处理图像需要对图像进行解析与加工，从中得到所需要的目标图像。图像处理技术应用时主要包含以下两个过程：转化要处理的图像，将图像变成计算机系统支持识别的数据，再将数据存储到计算机中，方便进行接下来的图像处理。将存储在计算机中的图像数据采用不同方式与计算方法，进行图像格式转化与数据处理。

（二）图像类别

计算机图像处理中，图像的类别主要有以下几种：（1）模拟图像。这种图像在生活中很常见，有光学图像和摄影图像，摄影图像就是胶片照相机中的相片。计算机图像中模拟图像传输时十分快捷，但是精密度较低，应用起来不够灵活。（2）数字化图像。数字化图像是信息技术与数字化技术发展的产物，随着互联网信息技术的发展，图像已经走向数字化。与模拟图像相比，数字化图像精密度更高，且处理起来十分灵活，是人们当前常见的图像种类。

（三）技术特点

分析图像处理技术的特点，具体如下：图像处理技术的精密度更高。随着社会经济的发展与技术的推动，网络技术与信息技术被广泛应用于各个行业，特别是图像处理方面，人们可以将图像数字化，最终得到二维数组。该二维数组在一定设备支持下可以对图像进行数字化处理，使二维数组发生任意大小的变化。人们使用扫描设备能够将像素灰度等级量化，灰度能够达到16位以上，从而提高技术精密度，满足人们对图像处理的需求。计算机图像处理技术具有良好的再现性。人们对图像的要求很简单，只是希望图像可以还原真实场景，让照片与现实更加贴近。过去的模拟图像处理方式会使图像质量降低，再现性不理想。应用图像处理技术后，数字化图像能够更加精准地反映原图，甚至处理后的数字化图像可以保持原来的品质。此外，计算机图像处理技术能够科学保存图像、复制图像、传输图像，且不影响原有图像质量，有着较高的再现性。计算机图像处理技术应用范围广。不同格式的图像有着不同的处理方式，与传统模拟图像处理相比，该技术可以对不同信息源图像进行处理，不管是激光图像、波普图像，还是显微镜图像与遥感图像，甚至是航空图片也能够在数字编码设备的应用下成为二维数组图像。因此，计算机图像处理技术应用范围较广，无论是哪一种信息源都可以将其数字化处理，并存入计算机系统中，在计算机信息技术的应用下处理图像数据，从而满足人们对现代生活的需求。

二、计算机视觉显示系统设计

（一）光场重构

真三维立体显示与二维像素相对应比较，真三维可以将三维数据场内每一个点都在立体空间内成像。成像点就是三维成像的体素点，一系列体素点构成了真三维立体图像，应用光学引擎与机械运动的方式可以将光场重构。阐述该技术的原理，可以使用五维光场函数去分析三维立体空间内的光场函数，即，$F: L \in R^5 \rightarrow I \in R^3$，$L=[x, y, z]$，这是五维光场函数中空间点的三维坐标和坐标下方向，而代表的是该数字化图像颜色信息。当三维图像模型与纹理能够由离散点集表示，离散点集代表的是空间点内的位置与颜色。

接下来，可以对点集 L 中的 h 深度子集进行光场三维重构。将点集按照深度进行划分，最终可以划分成多个子集，任意一个子集都可以利用散射屏幕与二维投影形成光场重构，且这种重构后的图像是三维状态的。经过研究表明，应用二维投影技术可以对切片图像实现重构，且该技术实现的高速旋转状态，重构的图像也属于三维光场范围。

（二）显示系统设计

本节以计算机视觉算法为基础，阐述图像处理技术。技术实现过程中需要应用 ARM 处理装置，在该装置的智能交互作用下实现真三维显示系统，人们可以从各个角度观看成像。真三维显示系统中，成像的分辨率很高，体素能够达到 30M。与过去的旋转式 LED 点阵体三维相比，这种柱形状态的成像方式虽然可以重构三维光场，但是该成像视场角不大，分辨率也不高。

人们在三维环境中拍摄物体，需要以三维为基础展示物体，然后将投影后的物体成像序列存储在 SDRAM 内。应用 FPGA 视频采集技术，在技术的支持下将图像序列传导入 ARM 处理装置内，完成对图像的切片处理，图像数据信息进入 DVI 视频接口，并在 DMD 控制设备的处理后，图像信息进入高速投影机。经过一系列操作，最终 DLP 可以将数字化图像朝着散射屏的背面实现投影。想要实现图像信息的高速旋转，需要应用伺服电机。在电机的驱动下，转速传感器可以探测到转台的角度和速度，并将探测到的信号传递到控制器中，形成对状态的闭环式控制。

当伺服电机运动在高速旋转环境中，设备也会将采集装置位置信息同步，DVI 信号输出帧频，控制器产生编码，这个编码就是 DVI 帧频信号。这样做可以确保散射屏与数字化图像投影之间拥有同步性，该智能交互真三维显示装置由转台和散射屏构成，其中还有伺服电机、采集设备、高速旋转投影机、控制器与 ARM 处理装置，此外还包括体态摄像头组与电容屏等其他部分。

三、图像畸变矫正算法

（一）畸变矫正过程

在计算机视觉算法应用下，人们可以应用计算机处理畸变图像。当投影设备对图像垂直投影时，随着视场的变化，其成像垂直轴的放大率也会发生变化。这种变化会让智能交互真三维显示装置中的半透半反屏像素点发生偏移，如果偏移程度过大，图像就会发生畸变。因此，人们需要采用计算机图像处理技术将畸变后的图像进行校正。由于图像发生了几何变形，就要基于图像畸变校正算法对图片进行几何校正，从发生畸变图像中尽可能消除畸变，且将图像还原到原有状态。这种处理技术就是将畸变后的图像在几何校正中消除几何畸变。投影设备中主要有径向畸变和切向畸变两种，但是切向畸变在图像畸变方面影响程度不高，因此人们在研究图像畸变算法时会将其忽略，主要以径向畸变为主。

径向畸变又有桶型畸变和枕型畸变两种，投影设备产生图像的径向畸变最多的是桶型畸变。对于这种畸变的光学系统，其空间直线在图像空间中，除了对称中心是直线以外，其他的都不是直线。人们进行图像矫正处理时，需要找到对称中心，然后开始应用计算机视觉算法进行图像的畸变矫正。

正常情况下，图像畸变都是因为空间状态的扭曲而产生畸变，也被人们称为曲线畸变。过去人们使用二次多项式矩阵解对畸变系数加以掌握，但是一旦遇到情况复杂的图像畸变，这种方式也无法准确描述。如果多项式次数更高，那么畸变处理就需要更大矩阵的逆，不利于接下来的编程分析与求解计算。随后人们提出了在 BP 神经网络基础上的畸变矫正方式，其精度有所提高。本节以计算机视觉算法为基础，将该畸变矫正方式进行深化，提出了卷积神经网络畸变图像处理技术。与之前的 BP 神经网络图像处理技术相比，其权值共享网络结构和生物神经网络很相似，有效降低了网络模型的难度和复杂程度，也减少权值数量，提高了畸变图像的识别能力和泛化能力。

（二）畸变图像处理

作为人工神经网络的一种，卷积神经网络可以使图像处理技术更好地实现。卷积神经网络有着良好的稀疏连接性和权值共享性，其训练方式比较简单，学习难度不大。这种连接方式更加适合用于畸变图像的处理。畸变图像处理中，网络输入以多维图像输入为主，图像可以直接传入网络中，无须像过去的识别算法那样重新提取图像数据。不仅如此，在卷积神经网络权值共享下的计算机视觉算法能够减少训练参数，在控制容量的同时，保证图像处理拥有良好的泛化能力。

如果某个数字化图像的分辨率为 227×227，将其均值相减之后，神经网络中拥有两个全连接层与五个卷积层。将图像信息转化为符合卷积神经网络计算的状态，卷积神经网络也需要将分辨率设置为 227×227。由于图像可能存在几何畸变，考虑可能出现的集中变形形式，按照检测窗比例情况，将其裁剪为特定大小。

四、基于计算机视觉算法图像处理技术的程序实现

基于上述文中提到的计算机视觉算法，对畸变图像模型加以确定。本节提出的图像处理技术程序实现应用到了 MATLAB 软件，选择图像处理样本时以 1000 幅畸变和标准图像组为主。应用了系统内置 Deep Learning 工具包，撰写了基于畸变图像算法的图像处理与矫正程序，矫正时将图像每一点在畸变图像中映射，然后使用灰度差值确定灰度值。这种图像处理方法有着低通滤波特点，图像矫正的精度比较高，不会有明显的灰度缺陷存在。因此，应用双线性插值法，在图像畸变点周围四个灰度值计算畸变点灰度情况。

当图像受到几何畸变后，可以按照上文提到的计算机视觉算法输入 CNN 模型，再科学设置卷积与降采样层数量、卷积核大小、降采样降幅，设置后根据卷积神经网络的内容选择输出位置。根据灰度差值中双线性插值算法，进一步确定畸变图像点位灰度值。随后，对每一个图像畸变点都采用这种方式操作，不断重复，直到将所有的畸变点处理完毕，最终就能够在画面中得到矫正之后的完整图像。

为了尽可能地降低卷积神经网络运算的难度，降低图像处理时间，建议将畸变矫正图像算法分为两部分。第一部分为 CNN 模型处理，第二部分为实施矫正参数计算。在校正过程中需要提前建立查找表，并以此作为常数表格，将其存在足够大的空间内，根据已经输入的畸变图像，按照像素实际情况查找表格，结合表格中的数据信息，按照对应的灰度

值，将其替换成当前灰度值即可完成图像处理与畸变校正。不仅如此，还可以在卷积神经网络计算机算法初始化阶段，根据位置映射表完成图像的 CNN 模型建立，在模型中进行畸变处理，然后系统生成查找表。按照以上方式进行相同操作，计算对应的灰度值，再将当前的灰度值进行替换，当所有畸变点的灰度值都替换完毕后，该畸变图像就完成了实时畸变矫正，其精准度较高，难度较小。

总而言之，随着网络技术与信息技术的日渐普及，传统的模拟图像已经被数字化图像取代，人们享受数字化图像的高清晰度与真实度，但对于图像畸变问题，还需要进一步研究图像的畸变矫正方法。

第五节 计算机视觉图像精密测量的关键技术

近代测量使用的方法基本为人工测量，但人工测量无法一次性达到设计要求的精度，就需要进行多次的测量再进行手工计算，求取接近设计要求的数值。这样做的弊端在于：需要大量的人力且无法精准达到设计要求精度。针对这种问题，在现代测量中出现了计算机视觉精密测量。这种方法集快速、精准、智能等优势于一体，在测量中受到了更多的追捧及广泛的使用。

在现代城市的建设中离不开测量的运用，对于测量而言需要精确的数值来表达建筑物、地形、地貌等特征。在以往的测量中无法精准地进行计算及在施工中无法精准地达到设计要求。本节就计算机视觉图像精密测量进行分析，并对其关键技术做简析。

一、概论

（一）什么是计算机视觉图像精密测量

计算机视觉精密测量从定义上来讲是一种新型的、非接触性测量。它是集计算机视觉技术、图像处理技术及测量技术于一体的高精度测量技术，并且将光学测量的技术融入当中。这样让它具备了快速、精准、智能等方面的优势及特性。这种测量方法在现代测量中被广泛使用。

（二）计算机视觉图像精密测量的工作原理

计算机视觉图像精密测量的工作原理类似于测量仪器中的全站仪。它们具有相同的特点及特性，主要还是通过微电脑进行快速的计算处理得到使用者需要的测量数据。其原理简单分为以下几步：

（1）对被测量物体进行图像扫描，在对图像进行扫描时需注意外界环境及光线因素，特别注意光线对于仪器扫描的影响。

（2）形成比例的原始图，在对于物体进行扫描后得到与现实原状相同的图像。这个步骤与相机的拍照原理几乎相同。

（3）提取特征，通过微电子计算机对扫描形成的原始图进行特征的提取，在设置程序后，仪器会自动进行相应特征部分的关键提取。

（4）分类整理，对图像特征进行有效的分类整理，主要对于操作人员所需求的数据进行整理分类。

（5）形成数据文件，在完成以上四个步骤后微计算机会对整理分类出的特征进行数据分析存储。对于计算机视觉图像精密测量的工作原理就进行以上分析。

（三）主要影响

从施工测量及测绘角度分析，对于计算机视觉图像精密测量的影响在于环境。其主要分为地形影响和气候影响。地形影响对于计算机视觉图像精密测量是有限的，基本对于计算机视觉图像精密测量的影响不是很大，但还是存在一定的影响。主要体现在遮挡物对于扫描成像的影响，如果扫描成像质量较差，会直接影响到对于特征物的提取及数据的准确性。还存在气候影响，气候影响的因素主要在于大风及光线。大风对于扫描仪器的稳定性具有一定的考验，如有稍微抖动就会出现误差，不能准确地进行精密测量。光线的影响在于光照的强度上，主要还是表现在基础的成像，成像结果会直接导致数据结果的准确性。

二、计算机视觉图像精密测量的关键技术简析

计算机视觉图像精密测量的关键技术主要分为以下几种：

（一）自动进行数据存储

对计算机视觉图像精密测量的原理分析，参照计算机视觉图像精密测量的工作原理，对设备的质量要求很高，计算机视觉图像精密测量仪器主要还是通过计算机来进行数据的计算处理，如果遇到计算机系统老旧或处理数据量较大，会导致计算机系统崩溃，导致计算结果无法进行正常的存储。为了避免这种情况的发生，需要对测量成果技术进行有效的存储。将测量数据成果存储在固定、安全的存储媒介中，保证数据的安全性。如果遇到计算机系统崩溃等无法正常运行的情况时，应及时将数据进行备份存储，快速还原数据。对前期测量数据再次进行测量或多次测量，系统会对这些数据进行统一对比，如果多次测量结果有所出入，系统会进行提示。这样就可以避免数据存在较大的误差。

（二）减小误差概率

在进行计算机视觉图像精密测量时往往会出现误差，而这些误差的原因主要为操作人员与机器系统故障。在进行操作前操作员应对于仪器进行系统性的检查，再次使用仪器中的自检系统，保证仪器的硬件与软件正常运行。如果硬软件出现问题会导致测量精度的误

差，从而影响工作的进度。人员操作也会导致误差，人员操作的误差在某些方面来说是不可避免的。这主要是对操作人员工作的熟练程度的一种考验，主要是对于仪器的架设及观测的方式。减少人员操作中的误差，就要做好人员的技术技能培训工作。让操作人员有过硬的操作技术。在这些基础上再建立完善的体制制度，利用多方面全面进行误差控制。

（三）方便便携

在科学技术发展的今天我们在生活当中运用到的东西逐渐在形状、外观上发生巨大的变大。近年来，对于各种仪器设备的便携性提出了很高的要求，在计算机视觉图像精密测量中对设备的外形体积要求、系统要求更为重要，其主要在于人员方便携带可在大范围及野外进行测量，不受环境等特殊情况的限制。

三、计算机视觉图像精密测量发展趋势

目前我国国民经济快速发展，我们对于精密测量的要求越来越高，特别是近年我国科技技术的快速发展及需要，很多工程及工业方面已经超出我们所能测试的范围。在这样的前景下，我们对于计算机视觉图像精密测量的发展趋势进行一个预估，其主要发展趋势有以下几方面：

（一）测量精度

在我们日常生活中，我们常用的长度单位基本在毫米级别，但在现在生活中，毫米级别已经不能满足工业方面的要求，如航天航空方面。所以提高测量精度也是计算机视觉图像精密测量发展趋势的重要方向，主要在于提高测量精度，再向微米级及纳米级别发展，同时提高成像图像方面的分辨率，进而达到我们预测的目的。

（二）图像技术

计算机的普遍性对于各行各业的发展都具有时代性的意义，在计算机视觉图像精密测量中运用图像技术也是非常重要的，在图像处理技术方面加以提高。同时工程方面遥感测量的技术也是对于精密测量的一种推广。

在科技发展的现在，测量是生活中不可缺少的一部分，测量同时也影响着我们的衣食住行，在测量技术中加入计算机视觉图像技术是对测量技术的一种革新。在融入这种技术后，我相信在未来的工业及航天事业中计算机视觉图像技术能发挥出最大限度的作用，为改变人们的生活做出杰出的贡献。

第六节　计算机视觉技术的手势识别步骤与方法

计算机视觉技术在现代社会中获得了非常广泛的应用，加强对手势识别技术的研究有助于促进社会智能化的快速发展。目前，手势识别技术的实现需要完成图形预处理、手势检测以及场景划分、手势识别 3 个步骤。此外，手势特征可以分为动态手势以及静态手势，在选用手势识别方法时要明确两者之间的区别，通常情况下选用的主要手势识别技术有运用模板匹配的方法、运用 SVM 的动态手势识别方法以及运用 DTW 的动态手势识别方法等。

随着现代科学技术水平的不断发展，计算机硬件与软件部分都获得了较大的突破，由此促进了以计算机软硬件为载体的计算机视觉技术的进步，使计算机视觉技术广泛地应用到多个行业领域中。手势识别技术就是其中非常典型的一项应用，该技术建立在计算机视觉技术基础上来实现人类与机器的信息交互，具有良好的应用前景和市场价值，吸引了越来越多的专家与学者加入到手势识别技术的研发中。手势识别技术是以计算机为载体，利用计算机外接检测部件（如传感器、摄像头等）对用户某些特定手势进行精准检测及识别，同时将获取的信息进行整合并将分析结果输出的检测技术。这样的人机交互方法与传统通过文字输入进行信息交互相比较具有非常多的优点，通过特定的手势就可以控制机器做出相应的反馈。

一、基于计算机视觉技术的手势识别主要步骤

通常情况下，要顺利实现手势识别需要经过以下几个步骤：

第一，图形预处理。该步骤首先需要将连续的视频资源分割成许多静态的图片，方便系统对内容的分析和提取；其次，分析手势识别对图片的具体要求，并以此为根据将分割完成的图片中的冗余信息排除掉，最后，利用平滑以及滤波等手段对图片进行处理。

第二，手势检测以及场景划分。计算机系统对待检测区域进行扫描，查看其中有无手势信息，当检测到手势后需要将手势图像和周围的背景分离开来，并锁定需要进行手势识别的确切区域，为接下来的手势识别做好准备。

第三，手势识别。在将手势图像与周围环境分离开来后，需要对手势特征进行分析和收集，并且依照系统中设定的手势信息识别出手势指令。

二、基于计算机视觉的手势识别基本方法

在进行手势识别之前必须要完成手势检测工作。手势检测的主要任务是查看目标区域中是否存在手势、手势的数量以及各个手势的方位，并将检测到的手势与周围环境分离开来。现阶段实现手势检测的算法种类相对较多，而将手势与周围环境进行分离通常运用图

像二值化的办法，换言之，就是将检测到手势的区域标记为黑色，而周边其余区域标记为白色，以灰度图的方式将手势图形显现出来。

在完成手势与周围环境的分割后，就需要进行手势识别，该环节对处理好的手势特征进行提取和分析，并将获得的信息资源代入到不同的算法中进行计算，同时将处理后的信息与系统认证的手势特征进行比对，从而将目标转化为系统已知的手势。目前，对手势进行识别主要通过以下几种方法进行。

（一）运用模板匹配的方法

众所周知，被检测的手势不会一直处于静止状态，也会存在非静止状态下的手势检测，相对来说动态手势检测难度较大，与静态手势检测的方式也有一定的区别，而模板匹配的方法通常运用在静止状态下的手势检测。这种办法需要将常用的手势收录到系统中，然后对目标手势进行检测，将检测信息进行处理后得到检测的结果，最后将检测结果与数据库中的手势进行比对，匹配到相似度最高的手势，从而识别出目标手势指令。常见的轮廓边缘匹配以及距离匹配等都是基于这个方法进行的。这些办法都是模板匹配的细分，具有处理速度快、操作方式简单的优点，然而在分类精确性上比较欠缺，在进行不同类型手势区分时往往受限于手势特征，并且能够识别出的手势数量也比较有限。

（二）运用 SVM 的动态手势识别方法

在 21 世纪初期，支持向量机（Support Vector Machine，SVM）方法被发明出来并获得了较好的发展与应用，在学习以及分类功能上都十分优秀。支持向量机方法是将被检测的物体投影到高维空间，同时在此区域内设定最大间隔超平面，以此来实现对目标特征的精确区分。在运用支持向量机的方法来进行动态手势识别时，其关键点是选取合适的特征向量。为了逐步解决这样的问题，相关研发人员提出了以尺度恒定特征为基础来获得待检测目标样本的特征点，再将获得的信息数据进行向量化，最后，利用支持向量机方法来完成对动态手势的识别。

（三）运用 DTW 的动态手势识别方法

动态时间归整（Dynamic Time Warping，DTW）方法，最开始运用在智能语音识别领域，并获得了较好的应用效果，具有非常高的市场应用价值。动态时间归整方法的工作原理是以建立可以进行调整的非线性归一函数或者选用多种形式不同的弯曲时间轴来处理各个时间节点上产生的非线性变化。在使用动态时间归整方法进行目标信息区分时，通常是创建各种类型的时间轴，并利用各个时间轴的最大程度重叠来完成区分工作。为了保证动态时间归整方法能够在手势识别中取得较好的效果，研究人员开展了大量的研发工作，并实现了 5 种手势的成功识别，且准确率达到了 89.1% 左右。

通常情况下许多手势检测方法都借鉴人们日常生活中观察目标与识别目标的思路，人类在确认目标事物时是依据物体色彩、外形以及运动情况等进行区分，计算机视觉技术也是基于此，所以在进行手势识别时也要加强人类识别方法的应用，促使基于计算机视觉技术的手势识别能够更快速、更精准。

第七节　计算机视觉的汽车安全辅助驾驶技术

随着近年来人们生活水平的上升和民用汽车的使用率不断提高，交通事故的发生率也在不断提升，如何进行安全驾驶和安全出行已经是人们讨论的焦点问题，随着安全辅助驾驶技术的应运而生，加之从计算机视觉的角度出发，对汽车安全辅助驾驶技术进行了优化，通过研究分析汽车驾驶中出现的而又可以避免的交通事故，降低交通事故的发生率，给汽车安全驾驶提供一定的保障，使安全辅助驾驶技术得到创新和升级。

我国民用汽车的使用量也在逐步上升，促进了后续汽车市场的发展和创新，汽车保养和汽车维修以及美容等汽车项目陆续出现，汽车安全辅助驾驶技术随之出现，如何降低交通事故的发生率是一个值得研究和探讨的问题，通过主动安全方式将汽车驾驶的辅助功能进行优化和改善，提高驾驶汽车的安全性和稳定性。安全辅助装置主要是指通过采用有效的装置降低汽车交通事故的出现和发生，提高驾驶员的行驶途中的安全性。通过高效和科学的方式能够有效地减少交通事故的出现。传统的安全设置辅助系统已经不能满足现阶段的需求，通过对道路和汽车等方面进行智能检测和分析的方式，利用计算机技术提高汽车安全辅助驾驶的高效性。

一、汽车安全辅助驾驶的重要性

（一）运用汽车安全辅助驾驶意义

汽车速度和效率的不断提升和驾驶员的驾驶技术提升，以及人们汽车使用率的不断增加下，给道路交通安全带来了一系列的问题。如何通过有效的方式降低汽车道路危害，提高驾驶员的安全性和稳定性，是汽车生产制造商和交通管理部门一直研究的问题。驾驶员在驾驶途中的不规范和不严格的驾驶行为给道路的交通造成了负面影响，一系列的交通事故惨案和人员的伤亡给人们的生命财产造成了一定的威胁。驾驶员疲劳驾驶、酒后驾驶等因素导致了交通事故出现的高发生率。不合规定的驾驶行为是驾驶员对自身和他人生命的不负责，给路上的行人和驾驶人带来了重大的安全隐患。降低汽车驾驶的事故发生率，需要驾驶人员对自身进行严格约束和管理，提高安全驾驶的责任意识，还需要加强汽车安全驾驶的技术和研发。运用汽车安全辅助驾驶技术可以通过科学技术的方式和控制降低交通事故的发生，不断升级和创新安全辅助驾驶技术能够有效地提升人民的生命安全质量。

（二）计算机视觉下运用安全辅助驾驶技术

计算机视觉下采用安全辅助驾驶技术能够有效地降低交通事故的发生率，通过科学技术的监测和控制对汽车的运行和使用状态进行管理，汽车出现问题时能够通过科学的方式和手段提醒驾驶人，降低交通事故的出现，便于驾驶人对周围事物和环境的感知情况，分析和判断当时环境的隐患，便于驾驶人及时有效地采取措施进行解决。传统的安全辅助系统具有一定的局限性，传统的安全辅助系统只能在事故发生时起到安全辅助作用、降低驾驶人员的损伤和事故发生的严重性。计算机视觉的安全辅助驾驶系统可以通过科学技术的方法加强对周围事物和环境的感知和监测，提高驾驶员的驾驶安全性，在事故发生前及时警示驾驶人，提高驾驶安全性和稳定性，能够有效地降低交通事故的发生率和提高驾驶人的生命安全质量。

采用计算机技术，通过图像环境的识别技术能够高效地描述周围事物的景象和完整性，根据人的习惯行为对环境进行展现。传统的激光和雷达技术具有一定的局限性，在距离和信息传输时存在误差。通过图像识别技术和传感器技术运用在汽车的行驶导航中，能够对障碍物和其距离进行有效的判断和检测。汽车安全辅助驾驶系统能够通过对外界环境的感知和人机交互能力的结合运用，是具有一体化和强大能力的系统。现阶段，对无人汽车系统的研究正在逐步开展，安全辅助系统能够有效地降低驾驶员的自身安全和对人员造成的损伤，有效缓解交通压力和降低交通事故的发生率。

二、计算机辅助安全辅助驾驶技术分析

（一）目标识别技术

目标识别技术是计算机安全辅助驾驶系统的重要核心部分，它能够给系统的监测和决策提供分析和参考。由于道路交通存在一定的复杂性和多变性，需要对目标进行高准确度的判断和分析，通过实时的识别提高决策的准确和严谨。本节主要的识别目标包括车辆、行人、车牌和车标。目标识别主要包括传统目标识别方法和基于深度学习的目标识别方法。

传统的目标识别技术主要是通过将原始的图像进行识别和分析，再采用手工分析其特征的方式对其进行分析和解释，最后再用分类器进行数据的导入和设计。且由于事物的变化多样性和在采集图像时会受到光线和噪音的干扰等影响，在信息的采取和识别上会存在一定的误差和不准确性，不便于对图像信息进行分析。因此在对图像进行识别时，要通过将目标图像的内容中其他背景信息进行预先处理，主要的处理方式为图像灰度化和图像滤波等方式，手工提取图像特征，一般是根据图像的多种特征进行分析，并将其分析选择符合程度最高的一种，在选取时应该具有显著的差异性和可靠性，有利于进行高效的分类。

（二）目标测距技术

现阶段安全辅助驾驶系统中主要采用对目标测距的技术为超声波、激光、机器视觉的测距。超声波的测距方法主要是根据超声波的传输时间进行判断，对目标的障碍物进行测量，这种方式计算原理较为简单和便捷，且成本较低，能够较高程度地对目标距离进行测量，激光的测距方式主要是通过一种仪器，将光子雷达系统运用其中，对目标范围进行测量，主要可以分为成像式和非成像式两种方式，其具有测量范围广泛和准确度较高等优势。成像式激光测距方式主要是通过扫描的机器对激光发射的方向进行控制，通过对整个环境的扫描和分析从而得到目标的三维立体数据；非成像激光测距方式主要是根据光速的传播时间和速度来确认与目标之间的距离。机器视觉下进行测量距离主要是单目的测距和双目的测距。单目测距的方式在成本上具有一定的优势，但是在精准度上弱于双目的测距。

三、计算机视觉在驾驶状态检测中的应用

汽车安全辅助驾驶技术主要是指通过安装智能的安全检测系统对汽车驾驶起到安全辅助的作用。智能安全检测系统主要是通过科学技术的感应装置和智能检测，对汽车的驾驶途中的运行状态进行分析，系统通过检测对行驶中产生的意外问题进行及时有效的报警，比如汽车出现意外性的偏移、行驶途中与附近的车辆距离过近、周围有危险的障碍物等情况。采用警报的方式提醒驾驶员，在情况紧急和危险时，有效的采用智能的解决措施对汽车进行部分合理的控制，降低事故的发生概率。目前对于智能汽车安全辅助驾驶中，对于车道偏移安全区域、智能控制距离和周围障碍物的检测评估，以及对驾驶员的行驶状态辨别和车速的控制管理等。在采用计算机视觉技术之前，汽车安全驾驶辅助系统主要是通过对驾驶的状态进行智能检测，但是具有一定的局限性和不准确，只是单纯停留在对参照物的反应，比如在对汽车行驶的路程偏移、驾驶的时间计算和遇到障碍物的反应情况等。没有准确高效的判断系统和程序对驾驶员的驾驶状态进行检测。

计算机视觉的采用能够高效的对驾驶员的监测状态进行控制，通过对驾驶员的面部状态进行智能和高效的识别，分析和判断驾驶员的行驶状态，确认是否存在疲劳驾驶和酒后驾驶等不安全驾驶行为。计算机视觉下汽车安全辅助技术能够有效地提高驾驶的安全性，通过对人体的行为和面部表情的控制和分析，使驾驶员的智能判断得到提升，使汽车辅助安全技术在驾驶中发挥作用和效果。

四、对未来安全驾驶辅助系统的展望

在未来的安全驾驶中会更多地应用计算机等高科技技术，提高智能安全驾驶的有效性，通过计算机的准确和智能化，提高驾驶员的高效驾驶和安全性，降低交通事故发生概率和减少安全隐患的出现。

（一）运用单片机设计的驾驶安全辅助系统

科学技术和智能化的普及应用，大大提高了人们生活水平和智能化。在汽车的行驶中，会产生各种多样性的问题，遇到的问题驾驶员可能会突然茫然和不知所措，不能及时有效地做出反应和应对措施。比如疲劳驾驶和酒后驾驶中，采用单片机辅助系统对汽车长时间的驾驶进行有效监测，汽车内产生的有害物质和气体，驾驶员不遵守交通规则和疲劳驾驶能够实时有效地监测和警报，高效地提供监测反馈报告。例如在车内有害气体上升时，可以通过警报的方式提醒驾驶员进行开窗，驾驶员酒驾等不良驾驶行为可以及时制止和提醒，车上有小孩或者等贵重物品遗留时可以通过报警的方式提醒驾驶员。

（二）防碰撞安全辅助装置系统

驾驶员在日常驾驶中，尤其是在高速公路高速行驶时，会突发性地产生驾驶问题，特别是汽车在高速行驶时，驾驶员不注意的行为都会导致事故的发生，很多突发性的事故是难以避免的，驾驶员在驾驶时的预防措施难以预防，在遇到紧急情况和异常情况时，人的反射系统和反应会有一定的延迟，但是汽车在运动中也会做相应的惯性运动致使车辆不能及时停止，最终导致车辆和人员都受到不同程度的损伤。汽车驾驶防碰撞系统主要是将计算机和智能系统安装在汽车上，计算机的反应速度和数据信息丰富，对于突发性的事件反应时长比人类快，可以通过系统程度的设置对突发问题进行控制，采取有效正确的措施对汽车进行控制，减少交通事故的发生情况。

（三）智能交通安全驾驶系统

通过智能交通安全系统，可以将道路行驶和人与车相结合，采用高科技的技术提高对行驶和道路的实时监测，加强驾驶员在行驶过程中的感知能力和监测。通过实时的监控数据，将道路的情况和车辆的信息进行分析，确认是否存在安全隐患等问题，提醒和告知驾驶员，减少交通事故的出现，有利于及时采取有效的措施对危险问题进行预防和控制，提高安全辅助驾驶技术。

综上所述，计算机视觉技术可以通过智能安全辅助系统对驾驶员的驾驶状态进行智能判断和分析，通过实践和数据分析的方式，可以及时高效地判断驾驶员的行驶状态和面部特征，提前做好预防措施，减少交通事故的出现和降低发生率，提高汽车安全辅助驾驶技术的高效性和稳定性。

第八章 大数据关键技术管理

第一节 当前大数据时代的数据管理技术

当前人们对于大数据的定义仍然没有一致的概念和明确的划分，但目前较为成熟的有三种看法：第一种将大数据看作运用相关信息技术，通过分析和整合大量数据，进而获得举足轻重的信息汇总成果，从而为用户提供极为重要的信息咨询帮助；而第二种看法则将大数据看作拥有强大计算能力的计算机，能够帮助人们更好地处理相关的技术问题；而最后一种看法，则将大数据视作能够在有限时间内，收集整理分析相关数据信息的重要工具，是获取决策相关数据和信息的重要信息处理技术。因此笔者对三种看法进行了简单的总结，将大数据分析看作能够在限定时间内，通过汇总大量关键信息，分析信息数据并帮助用户做出决策的关键性信息处理技术。

首先，大数据具有鲜明的社会性，这主要体现在其能够更好地汇集信息和数据，并以互联网的方式连接广阔的领域和其他行业，从而利用信息技术的应用替代传统的人力劳动，不仅能够提高信息处理和分析的效率，还能够更好地提高企业处理信息的效率和能力，进而借助大数据信息等现代技术创造更大的信息价值，帮助企业更好地实现决策。其次，还能够在更为广泛的范围内应用现代信息技术，从而更好地且持续地利用大数据信息深入地影响人们的生活和生产方式。换句话说，大数据技术已经通过整理、收集、处理、融合以及分析等方式，深刻影响了人们的生活习惯和品质，从而推动了社会性的变动。最后，大数据是全部公开透明的，能够在大多数情况和场景下充分地运用相关技术，同时公开地汇总与处理企业需要的或者是收集到的信息，进而将这些信息运用到企业决策的各个方面，满足人们和企业的各种不同需求，而这又体现出了重要且强烈的动态性，在人们处理大数据信息的过程中，往往能够利用大数据的关键信息，对外部环境的变化做出反应，从而更好地实现对于大数据时代信息的动态处理和掌握，优化决策和生活生产方式，满足人们生活和企业决策需求。

一、大数据时代数据信息管理流程

大数据时代数据信息管理和分析对于企业的管理和个人的生活方式都存在重大的影

响，因此分析大数据时代数据信息管理和分析的流程，对于企业和个人来讲都极为重要。

大数据信息的采集。采集是大数据信息分析的首要环节和工作，在近些年的大数据应用中极为关键。数据信息的收集质量直接影响到大数据处理技术的应用质量，对于大数据信息的整理规律性也具有重要影响。在近些年的数据信息应用中，逐渐建立起了繁多的互联网大数据库，对于数据管理和采集的要求也更为成熟，相关的互联网企业都需要根据采集的数据建立起庞大的数据体系，从而更好地进行简单的大数据应用和查询工作。但由于当前数据采集的质量和效率都不够高，采集的难度很大，因此对于数据库的建设极为困难，需要相关的人员能够找到针对性的数据采集方式。同时，由于大数据的访问数量极为庞大，相关的访问量在峰值时能够达到惊人的上百万，因此对于采集部门梳理的管理也形成了不可避免的考验，需要通过合理的数据管理和应用来构建庞大的数据管理体系，从而更好地支撑大数据库完成数据查询和管理工作，并实现数据库负载均衡的优化。

大数据信息的统计和管理分析。在大数据的统计和管理分析等方面，需要采取科学合理的数据整理与管理方式，实现对于数据库和数据信息群的优化分析汇总，并利用合理且科学的方式对数据信息进行分析，从而更好地满足不同客户的需要。而在企业管理和个人决策中，则需要能够根据不同的数据信息，实现对于大数据信息的统计和科学管理，进而实现对于大数据信息的优化管理与分析，帮助企业和个人用户更好地应用大数据信息处理技术。而在这同时，还需要能够根据不同的信息技术和数据分析需求，采取不同的数据分析技术，实现对于大数据的实时性分析与研究，并选择科学且合理的数据分析模型和数据分析方式，更好地实现对于庞大信息量的管理。

大数据信息的管理和预处理。对于大数据信息技术的应用，需要从两个方面进行，一个便是上面提到的大数据信息的应用，另一个则是更需要我们思考的，如何更好地实现对于大数据信息的预处理，从而更好地预防大数据信息出现的问题，实现对于大数据信息的合理化和科学化管理，优化大数据信息的应用及有效性，避免信息自身的错误导致的大数据应用的错误。因此，在进行大数据信息管理时，采用前端数据导入并集中数据库处理，同时还应该采用分布式储存的方式，在导入的基础上进行预处理，从而更好地实现对于大量数据的统一处理，避免数据量过大导致的大数据处理出现混乱的问题，从而提升大数据技术应用的质量，提升数据管理水平。

二、大数据时代数据管理技术优化理念

当前我国大数据时代数据管理技术的优化，需要充分地把握当前大数据时代数据管理技术优化的理念，即深入挖掘数据的价值和实现对于大数据信息的深层处理，以及把握数据分析的相关变量，从而去伪存真。

挖掘大数据信息的价值。想要实现大数据时代的数据信息管理技术的优化，便需要能够将数据分级，从而更好地管理和整理数据。为此，需要深入地挖掘大数据信息自身的内

在价值，从而更好地实现对于大数据信息的综合利用和分析。可以通过数据信息的多种类比进行分析，从而更好地实现对于数据类别的判断。例如对于广告库的构建，需要涵盖广告库和相关的广告内容与信息，同时也可以采用同样的方式分析传统的数据库，借助算法来表现其价值，从而更好地进行客户之间的使用效果分析，向用户提供更有价值的数据和信息，进而实现对于大数据时代下数据信息的管理技术的优化。

深层处理大数据信息。在进行数据分析之前，不仅需要能够实现对于数据管理的技术优化，还需要深层地处理大数据信息，这样一来才能够更好地实现对于数据信息技术的优化和应用，为此需要能够严格地按照相关的数据分析流程，深入地对相关数据进行深层次的处理和分析，进而实现去伪存真，从而使大数据的应用能够逐步地取代传统的信息处理技术与方式，推动大数据应用到生产生活的各个方面。在大数据背景下，实施数据管理技术应用能够更好地实现对于数据背景下的复杂信息的转化和深入识别，从而促进整体分类整合，并剔除不必要的虚假信息，进而再深层次处理余下的信息和数据，从而将处理结果转化到实际的应用中去，帮助用户更好地获取有价值的信息。

把握大数据分析的相关变量。大数据应用在实际的应用活动中需要能够根据大数据分析的相关变量，对数据进行统一分析，进而帮助大数据分类实现相关性的优化，避免大规模变化和数据量过大导致的数据量混乱。此外，大数据背景下，由于出现了庞大的数据规模，所以仅仅只是依靠单一的线性处理技术实现对于大数据的分析处理并不现实，而计算方式和大数据的应用关系非常密切，虽然数量和变量的持续变化很难，但对于大数据的管理仍然存在着重要的促进作用。

总之，随着信息技术和大数据的快速发展，当前我国越来越多地运用信息技术和数据信息技术，包括互联网和移动终端等，进一步促使人类进入了数据量爆炸的时代。数据信息的大批量传播需要能够针对数据管理技术进行进一步的优化和推动，实现大数据技术的应用和产业发展的结合。

第二节　大数据的存储管理技术

随着云计算、物联网等技术快速发展，多样化已经成为数据信息的一项显著特点。为充分发挥信息应用价值，有效存储已经成为人们关注的热点。为了有效应对现实世界中复杂多样的大数据处理需求，需要针对不同的大数据应用特征，从多个角度、多个层次对大数据进行存储和管理。本节主要分析大数据面临的存储管理问题以及简述了存储管理关键技术。

一、大数据面临的存储管理问题

存储规模大。大数据的一个显著特征就是数据量大，起始计算量单位至少是 PB，甚至会采用更大的单位 EB 或 ZB，导致存储规模相当大。

种类和来源多样化，存储管理复杂。随着互联网、物联网、移动互联技术的发展，以电子商务（如京东、阿里巴巴等）、社交网络（微信、微博等）为代表的新型 web2.0 应用迅速普及，大数据主要来源于搜索引擎服务、电子商务、社交网络、音视频、在线服务、个人数据业务、地理信息数据、传统企业、公共机构等领域，因此数据呈现方法众多，可以是结构化、半结构化和非结构化的数据形态，不仅使原有的存储模式无法满足数据时代的需求，还导致存储管理更加复杂。

对数据服务的种类和水平要求高。大数据的价值密度相对较低，数据增长速度快、处理速度快、时效性要求也高。在这种情况下如何结合实际的业务，有效地组织管理、存储这些数据以能从浩瀚的数据中，挖掘其更深层次的数据价值呢？需要尽快解决。

大规模的数据资源蕴含着巨大的社会价值，有效管理数据，对国家治理、社会管理、企业决策和个人生活、学习将带来巨大的作用和影响。因此在大数据时代，必须解决海量数据的高效存储问题。

二、大数据存储管理的关键技术分析

分布式文件系统。分布式文件系统是一种通过计算机网络实现在多台机器上进行分布式存储的文件系统。它把文件分布存储到多个计算机节点上，成千上万的计算机节点构成计算机集群，设计一般所采用的是"客户机/服务器"模式。分布式文件系统的设计需要重点考虑可扩展性、可靠性、性能优化、易用性及高效元数据管理等关键技术。

当前大数据领域中，分布式文件系统的使用主要以 Hadoop HDFS 为主。HDFS 采用了冗余数据存储，增强了数据可靠性，加快了数据传输速度。除此之外，HDFS 还具有兼容的廉价设备、流数据读写、大数据集、简单的数据模型、强大的跨平台兼容性等特点。但 HDFS 也存在着自身的不足，比如不适合低延迟数据访问、无法高效存储大量小文件和不支持多用户写入及任意修改文件等。

分布式数据库。分布式数据库 HBase 是一个高可靠、高性能、面向列、可伸缩的分布式数据库，是谷歌 BigTable 的开源实现，主要用来存储半结构化和非结构化数据。HBase 可以支持 Java Native API、HBase Shell 等多种访问接口，可以根据具体应用场合选择相应的访问方式，而且相对于传统的关系数据库，HBase 采用了更加简单的数据模型，把数据存储为未经解释的字符串，用户可以把不同格式的结构化数据和非结构化数据都序列化成字符串保存到 HBase 中，除此之外在数据操作、存储模式、数据索引、数据维护和可伸缩性等方面都有了更易于实现的方式。但 HBase 也存在着不支持事务等限制。

NoSQL 数据库。对于 NoSQL，当前比较流行的解释是"Not Only SQL"。它所采用的数据模型并非传统关系数据库的关系模型，而是类似键值、列族、文档等非关系模型。NoSQL 数据库没有固定的表结构，一般也不会存在连接操作，也没有严格遵守事务的原子性、一致性、隔离性和持久性。因此与传统关系数据库相比，NoSQL 具有灵活递可扩展性、灵活的数据模型、与云计算紧密融合和支持海量数据存储等特点。但 NoSQL 数据库也存在很难实现数据的完整性、应用还不是很广泛、成熟度不高、风险较大、难以体现业务的实际情况、增加了数据库设计与维护的难度等问题。

目前 NoSQL 数据库数量很多，典型的 NoSQL 数据库通常包括键值数据库、列族数据库、文档数据库和图数据库。键值数据库系统的典型代表包括 BigTable、Dynamo、Redis、Cassandra 等。列族数据库系统的典型代表包括 HadoopDB、Greenplum 等。文档数据库系统的代表包括 MongoDB、CouchBase 等。图数据数据库系统的代表是 Neo4J、GraphDB 等。

云数据库。云数据库技术是云计算的一个重要分支，是对云计算的具体运用。云数据库是部署和虚拟化在云计算环境中的数据库。它极大地增强了数据库的存储能力，消除了人员、硬件和软件的重复配置，让软硬件升级变得更加容易，同时也虚拟化了许多后端的功能。而且在云数据库中，所有数据库功能都是在云端提供的，客户端可以通过网络远程使用云数据库提供的服务，在使用中不需要了解云数据库具体的物理细节，使用非常方便容易。可按照用户个人的需求进行数据和信息的存储，例如通过使用百度云、360 云盘等众多互联网公司所开发的网络储存平台，可实现较大的储存容量，并且能够借助搜索功能快速获取目标数据文件。因此云数据库具有高可扩展性、高可用性、较低的使用代价、易用性、高性能、免维护等特点。

在大数据时代的背景下，海量的数据整理成为各个企业亟待解决的问题。而原有的存储模式已经跟不上时代的步伐，无法满足数据时代的需求，导致信息处理技术无法承载信息的负荷量，这就需要对数据的存储技术和存储模式进行创新与研究，跟上数字化存储技术的发展步伐，给用户提供高质量的数据存储体验。根据大数据的特点，每一种技术都各有所长，彼此都有各自的市场空间，在很长的一段时间内，满足不同应用的差异化需求。但为了更好地满足大数据时代的各种非结构化数据的存储需求，数据管理和存储技术仍需进一步改进和发展。

第三节　大数据技术与企业财务管理

信息化时代背景下，互联网作业方式使财务管理领域产生了海量数据信息，管理阶层获取财务信息的方式与渠道也大为增加，财务信息的收集、甄别、选择与批处理，就需要借助于大数据技术。财务人员使用这种技术，对财务信息数据进行精确化收集、分析、评估与评价，识别财务信息风险，并建立数据库对财务信息风险进行控制与处理，确保现代企业财务管理的绝对安全。

信息技术的发展改变了现代企业的管理方式，也给现代企业的管理工作增添了新的管理项目与管理内容。信息化时代背景下，现代企业的财务管理部门如何积极有效使用大数据技术，就是一项时不我待的挑战。

一、大数据技术与现代企业财务管理中的信息处理

大数据技术可以提升财务信息收集的精确性。现代企业财务管理的各项工作，均需要围绕着资金运行的轨迹来开展。不论是企业的投资活动、筹融资活动，还是利润分配活动，都得围绕着企业资金的有效运行来进行，脱离了对资金运行情况的监控、分析、控制等活动，就无法开展财务管理。就具体行为而言，财务管理可以细分为财务信息预测、资金运作分析决策、资金运行控制与资金运行结果评价等过程，每一项过程都会产生大量的财务信息，需要财务工作人员进行分门别类的收集，整理成册，交给管理阶层，供管理人员参考。这些海量信息的收集，单凭手工是无法完成的，因为信息时代，财务信息数据呈几何级增长，只有依赖先进的信息数据处理技术才能完成这项工作。大数据技术就可以利用相应的数据处理模型，使用定量分析与定性分析的收集方法，分门别类地收集相关的财务信息，提升财务信息数据收集的精确性。

大数据技术可以提升财务信息预测与评价的工作效率。现代市场经济环境中，很多机会是稍纵即逝的，只有那些具有敏锐洞察能力、捕捉瞬息商机的企业家或管理人员才能在市场经济中占据先机。捕捉商机并做出准确判断，不是凭空猜想，也不是孤注一掷，需要对本企业的资金运行情况、商机的市场普及情况、资金投资数量以及未来盈利情况等客观数据进行精确的预测与评价，方能做出正确的选择与决策。现代企业财务人员在面对海量的财务信息数据时，只有利用大数据技术，对以往的经营活动信息进行整理与总结、对管理阶层重点考虑的项目可能发生的财务活动以及可能产生的财务成果进行分析、得出精确结论，才能在最短的时间内向管理人员提供相应的参考数据，为后续工作、投资项目的选择做好基础性工作。

大数据技术可以提升财务信息评价的精确性。现代企业环境中，管理人员看重的是结果，过程管理则需要相关工作人员来具体负责。任何一项投资行为、任何一个经营决策，管理人员需要的是财务工作人员提供的评价结果，以及如何开展信息数据评价、提升评价结果，财务工作人员应有效利用大数据技术。任何一项投资行为或经营决策，都不可能一直沿着理想中的轨道前进，实施过程中都会受到外在环境的影响，或大或小地出现一定的执行偏差，大数据技术就可以利用多维度的结果评价技术，进行立体式、复合式评价，产生多维度的评价结果，供管理阶层或决策者参考。

二、大数据技术与现代企业财务管理中的风险控制

大数据技术可以有效识别财务风险。风险是无处不在、无时不有的，任何一项投资活动都不可能在没有风险的封闭环境中实施与执行。对于现代企业而言，管理阶层需要提升风险控制意识，同财务工作人员进行有效合作，预防与控制各种现实的与潜在的财务风险。财务信息管理的前提是识别财务风险，然后才能进行有效管理。一般而言，现代企业的财务风险分为企业内部风险与企业外在风险两种形式，大数据技术就可以有效收集跟风险相关的信息，进行去伪存真、去粗取精、辨别真伪、区分表象与内在的数据处理，过滤掉无关紧要的信息，进行有效地分析与识别，甄别出有价值的风险信息数据，然后按照风险等级进行分类登记，不同的等级呈现出不同的颜色标识，提醒管理人员进行有效处理，根据不同的风险等级来制定不同的处理策略，为后续的风险控制做好准备。

运用大数据及时建立数据库，实施风险控制。财务风险识别中最重要的目的还是进行风险控制与风险处理，将财务风险扼杀在萌芽之中，确保现代企业财务管理的绝对安全。风险控制与处理就需要财务工作人员有效运用大数据技术，建立数据库，对识别、收集到的财务风险信息数据进行存储、分类集合，让管理阶层实时共享这些数据信息。财务信息的控制过程中，可以具体划分财务风险、法律信息与市场信息等，并针对风险发生频率、可能造成的损失与危害程度等，制定出相应的风险控制策略与应对措施，并分配至各个责任单位，必要的时候还应对各个业务流程进行追踪管理。这种数据库统一了衡量标准，可以实现共享，使上级可以通过该系统掌控下级各风险点的情况，实现自上而下的管理。

三、有效运用大数据技术，提升财务管理的实施效果

运用大数据技术，实施财务管理的事前分析。现代企业可以利用数据采集系统和大数据中心来扩大获取数据的广度与深度，可以利用数据挖掘技术来发现更多关联性数据，然后进行关联分析。关联分析是指根据一个事务中某些项的出现可导出另一些项在同一事务中也出现，即隐藏在数据间的关联或相互关系。例如，在市场预测中，利用数据挖掘技术在历史销售数据中寻找盈利性最大的客户，其他可预测的问题包括利用客户黏性预测产品销量等。这样就很好地弥补了财务会计专注于历史数据而无法准确预测未来的缺点，达到了事前分析的目的。

使用大数据技术，实现财务管理决策的科学性。现代企业财务人员可以使用大数据技术，对财务决策实施定量分析，将信息处理与数据处理交由计算机。通过将大数据转化为可为企业管理者决策服务的相关信息，有助于实现企业财务决策的智能化，保证了企业财务决策的科学性、严谨性。除了应用大数据进行数据定量分析之外，管理阶层在进行决策时需要考虑的因素多种多样，其中就有许多非常重要但是不能量化的因素，如政治影响、声誉影响和社会关系影响等。所以，在进行决策时，决策者不能过度依赖于大数据技术而

放弃对因果性的追求，而更需要关注定性分析和非财务信息，把大数据技术作为寻找因果性的利器来更好地进行决策。

加强培训，提升财务人员对大数据技术的使用能力。在大数据时代，信息技术只是一个方面，而懂得利用大数据等技术的专业财务人才其实才是企业最重要的"资产"。因此，企业应该加强培养员工的信息化素质。比如：可以建立专业培训课程。这种专业授课的方式，可以帮助财务管理人员学习大数据和云计算的内涵、了解大数据和云计算的特征为未来做好大数据环境下企业财务管理转型打下坚实基础。

第四节　大数据技术与智能交通管理

在交通管理中，海量的数据为智能化的交通管理提供了决策支持。本节就大数据与智能交通的情况进行了概述，分析了大数据时代智能交通的发展趋势以及大数据技术在智能交通管理中的应用特性与优势意义，并在确保数据安全性、技术多样性、结果优质性的基础上对大数据技术在智能交通管理中的运用进行了探索。

经济社会的快速发展使社会交通状况日趋复杂，交通拥堵情况较多，城市交通压力与日俱增。随着"互联网+"时代的到来，信息技术为解决城市交通严峻形势带来了新思路和新方法。2016年，交通运输部在《交通运输信息化"十三五"发展规划》中就明确提出要大力推进智慧交通建设，促进现代综合交通运输体系发展；而2017年，交通运输部下发的《智慧交通发展行动计划（2017—2020）》更是指出要在基础设施、生产组织、运输服务和决策监管等方面加强对于智能交通的支持。可以预见，未来一段时间内，智能化将成为我国交通管理的主流趋势，而大数据、云计算等先进的信息技术在智能交通领域的应用也将进一步扩大。

一、大数据与智能交通概述

目前我国的智能交通主要依靠两大核心技术，一个是物联网，一个是大数据。物联网主要是RFID技术在智能交通领域中的应用，而大数据技术则是通过庞大的数据量和对数据的快速处理来提高工作效率。

大数据技术是指利用现代高速的计算机信息处理技术，通过对海量的数据挖掘与处理，在较短的时间内得到需要的信息。通过实践可知，数据是智能交通管理中的重要组成部分，只有经过有效地采集与处理，数据才能够帮助智能交通管理系统完成相应的工作。大数据技术正是负责这一重要环节的重要工具。大数据技术具有数量庞大、数据类型繁杂、处理速度快、数据应用价值较高等四个特点，同时还可以通过技术处理将海量的交通数据可视化，大大提升了智能交通管理的水平。

智能交通管理系统。智能交通管理系统是一个保障安全、提高效率、改善环境、节约能源的综合运输系统，主要由公共交通系统、车辆控制系统、交通信息服务系统、交通管理系统、电子收费系统、紧急救援系统等组成。它主要是将先进的科学技术有效运用于交通运输控制和管理中，从而使人、车、路能够处于协调状态中，从而缓解交通压力，促进社会和谐。

大数据时代智能交通的发展趋势：智能交通信息服务产业化进程加快。智能交通管理的最终目的是服务广大人民群众，为其提供更为便捷、通畅的交通体验。利用大数据技术加强智能交通管理，其实质是通过智慧交通的建设来实现智慧城市创建。在大数据技术不断发展的今天，智能交通必定会联手企业、高等院校或科研院所以时代发展要求和人民群众的实际需求为导向，注重大数据技术与智能交通管理系统的深度融合，并通过价值链将交通运输各利益相关方连接起来，加快交通信息服务的产业化进程，进一步推进智能交通管理服务全面发展水平。

大数据技术与智能交通融合加深。未来，在 5G 网络技术的支持下，大数据技术与智能交通的交集将会越来越多、越来越深，交通信息数据的处理将会越来越快，信息的采集成本将会越来越低。"互联网＋交通"的发展进程将会提速，大数据技术的应用领域和范围将会进一步扩大，其对智能交通管理的优势也会进一步凸显出来。

二、大数据技术在智能交通管理中的应用特性与优势意义

大数据技术在智能交通管理中的应用为交通管理的发展提供了技术支撑，同时大数据技术本身所具有的特点也能够帮助交通管理实现新突破。

大数据技术的应用特性。随着我国经济发展的不断加快，居民的可支配收入逐年提升，汽车的保有量也随之升高，这给交通服务带来了巨大的压力。大数据技术在智能交通领域的应用则充分发挥了实时性、分布性、高效性、预判性的作用。从庞大的车辆数据中，应用大数据技术能够以最快速度在短时间内筛选出需要的信息；在车速的检测和车辆信息拍摄等工作中，大数据技术则全面高效地实现了单表数据的综合分析；而对于特殊情况下的强制性管制措施，大数据技术则是一举解决了统一调配的问题，提高了问题解决的效率。

大数据技术与智能交通结合的优势意义：优化交通资源配置，加快运输速率。资源配置的不足是传统交通管理系统的短板。在智能交通管理中，应用大数据技术能够有效解决优势资源分配不均的问题，使有限的公共交通资源能够得到最大限度的利用，充分发挥大数据技术的应用价值，打破区域和行政区划的限制，建立综合性的交通信息体系，促进资源共享，加快运输的速率，提升交通运行的整体质量。

优化公共交通服务，提升安全保障。大数据技术带来的全新的智能交通管理系统在优化公共交通服务、提升交通安全方面是具有重大意义的。根据车辆上 GPS 导航系统所提供的数据，智能交通能够对车辆的轨迹做出判断，提前预判风险，而在遇到雨雪雾风等极

端天气时又能及时对车主进行行车安全提示。对于公共交通来说，智能交通通过大数据技术来掌握客流的分布，为交通疏导与分流提供了最有力的辅助。

三、大数据技术应用于智能交通管理领域应遵循的原则

虽然大数据技术在各个行业领域内的应用都取得了丰硕的成果，但依然还存在一些问题。为了能够让大数据技术在智能交通管理中的应用更加顺畅，为城市交通管理带来更多便捷，有关部门应遵循安全性、多样性的原则。

安全性。互联网的快速发展和大数据时代的到来使数据的安全性受到了严峻的考验。在智能交通领域中，大数据技术在应用中是以大量数据信息为基础的，必须要保证数据信息受到相应级别的保护，避免隐私泄露等信息安全事故的发生。

多样性。交通数据采集在实现动态调整的同时，更应该扩大采集途径和数据，使数据实现交通状况的全覆盖，这在很大意义上有助于综合分析结果的科学性、客观性和准确性。

四、大数据技术在智能交通管理中的运用探索

智能交通建设的目标应该是"指挥扁平化、管控可视化、通行智能化、决策科学化、管理精细化、资源集约化"。想要达成这个目标，就要靠大数据技术在智能交通管理中的有效运用。

做好路况监测，协助交通诱导。交通诱导是依据所采集到的数据对当前阶段的交通状态进行合理测评并预测交通流量，同时借助广播、信息情报设备等对诱导消息进行传递和散布。城市化进程的加快势必导致交通拥堵情况的加剧，早晚高峰、极端天气等都会影响城市路况，北京、天津等城市都投入了大量的资金更新智能交通系统，并通过路面上大量的摄像头收集大量交通数据信息，在大数据技术的支持下，可以对车流量进行动态监控，根据车流时空特点，结合交通算法和天气情况评估路况并采取相应措施。如动态调整交通信号灯频率和持续时间，结合历史路况数据归纳道路交通发展规律等，以此缓解道路的拥堵情况，提升道路通畅程度。

加强数据共享，提高服务质量。建立智能交通管理平台系统，将收集到的信息随时加入到平台中，并加以汇总、分析、研判、利用。例如，上海在打造智能化道路交通管理系统时，就强调要在大数据中心的牵头下，将各领域、各部门的相关交通数据都汇入聚集，形成数据的规模效应，并加强了区级配套设施的建设。这样一方面能够为政府、交通部门及相关单位决策提供数据支持和依据，如收集车辆信息、事故发生情况、路况信息等，并在共享平台中应用大数据技术进行分析研判，则可以实现部分交通事件的事前预警。

智能交通管理中大数据技术的应用是未来交通安全管理的必然趋势和核心力量。在政策和技术的双重驱动下，大数据技术与智能交通管理的融合将会越加深入，大数据技术的利用率和作用发挥也将更加充分，其在交通管理中的应用场景也将会不断丰富拓展。

第五节　全面预算绩效管理与大数据技术

党的十九大提出"全面实施绩效管理"，大数据为全面绩效管理的实现提供了技术基础。本节首先解读全面预算绩效管理的"全覆盖""全过程"和"全方位"的基本内涵，然后分析大数据技术参与全面绩效管理的作用及制约因素，最后从制度建设、资源建设、理念重塑及人才培养等方面提出建议。

起源于西方私人部门的"绩效管理"概念在 20 世纪 70 年代"新公共管理改革"运动中被引入政府管理，由此形成了"政府绩效"的概念，成为提升政府管理水平和国家治理能力的重要工具。20 世纪 90 年代，政府绩效管理作为一种新的管理理念和方式进入我国政府治理实践。预算绩效管理是政府绩效管理的重要组成部分，其以支出结果为导向，以"少花钱，多办事，花好钱，办好事"为原则，向社会民众提供更好更多的公共产品和服务。改革开放四十多年以来的经济高速发展下，我国政府职能逐渐呈现多元化趋势，公共预算支出范围、类别、总量迅速扩张，产生了难以数计的财政数据资源，给政府的数据收集、处理与传递能力带来了严峻挑战。以高速、高效为重要特征的大数据技术将为预算资金的使用追踪和效率评价提供技术保障。研究采用大数据技术释放政府管理效能，提高公共预算绩效管理的信度、效度和效率，成为近几年的热点课题。

一、全面预算绩效管理的基本内涵

党的十六届三中全会提出"建立预算绩效评价体系"。新预算法强调了绩效在预算管理中的重要性，首次将绩效管理以法律形式融进公共财政预算收支。党的十九大进一步要求"建立全面规范透明、标准科学、约束有力的预算制度，全面实施绩效管理"。2018 年《中共中央国务院关于全面实施预算绩效管理的意见》（以下简称《意见》）被审议通过，细化落实了党的十九大提出的"全面实施绩效管理"，要求"建成全方位、全过程、全覆盖的预算绩效管理体系，实现预算和绩效管理一体化"，成为我国预算管理改革和政府绩效管理改革的里程碑。纵览我国预算绩效管理历程，从预算绩效评价体系建设到绩效管理，再到全面实施预算绩效管理，彰显了政府绩效管理水平的逐步升级。全面预算绩效管理的基本内涵可以从"全覆盖""全过程""全方位"等方面进行阐释。

（一）全覆盖：覆盖所有政府部门

从纵向来看，全面绩效管理要覆盖至中央、省、市、县、乡五级政府，从横向上要覆盖至所有同级政府部门及其下属单位，形成纵横交错的预算绩效大网，网络涉及政府战略部署、政策规划、资金拨付流程、事权和支出责任等的海量信息，逐渐消弭信息不对称衍生的道德风险和逆向选择问题，政府的行政效能和履职能力将因此大为提高。

（二）全过程：贯穿预算活动始终

从预算资金运动环节来看，预算绩效全过程管理要求绩效目标管理、绩效跟踪、绩效评价、结果应用之间应当建立起有机联系，构建"预算编制有目标、预算执行有监控、预算完成有评价、评价结果有应用"的全过程预算绩效管理机制。从项目生命周期视角来看，应做好前期、中期和后评价等全周期的绩效管理。新预算法已高位明确了预算活动从预算编制、审查和批准、执行和监督、决算的全过程都应当讲求"绩效"，成为"全过程"预算绩效管理的法理基础。

（三）全方位：囊括评价对象

从绩效管理对象来看，"实现预算和绩效管理一体化"必须将项目预算绩效、部门预算绩效、政府预算绩效和财政政策绩效等全部纳入绩效评价对象。预算管理对象的扩展及职能延伸，即从项目支出绩效评价、向部门整体支出绩效评价、支出政策绩效评价以及政府绩效评价拓展，强化了预算绩效管理的整体性、宏观性和前瞻性。

二、大数据技术在全面预算绩效管理中的作用及制约因素

（一）大数据技术在全面预算绩效管理中的作用

大数据具有 5V 特征，即 Volume（大量）、Velocity（高速）、Variety（多样）、Value（低价值密度）、Veracity（真实性）。大数据不仅指数据本身的规模，也包括采集数据的工具、平台和数据分析系统。大数据技术通过对数量巨大、来源分散、格式多样的数据进行采集、存储和关联分析，从中挖掘新知识、创造新价值、培养新能力，日益成为新一代信息技术和服务业态。近年来，国家层面频繁出台促进大数据发展的政策，通过加快大数据部署和深化大数据应用来推动政府治理能力现代化。2015 年 9 月国务院印发《国务院关于印发促进大数据发展行动纲要的通知》（国发〔2015〕50 号）确定了"数据强国建设战略目标"，要求"加快政府数据开放共享，推动资源整合"，为将大数据应用于预算绩效管理奠定了基础。2019 年政府工作报告亦提出要"深化大数据、人工智能等研发应用"。数据是财政工作的基础，通过预算信息系统形成采集高效、整合有效的多维绩效数据采集模式，政府数据的内外开放和资源共享方成为可能，预算绩效管理水平也因此得以提高。

《意见》第十二条指出"加快预算绩效管理信息化建设，打破'信息孤岛'和'数据烟囱'，促进各级政府和各部门各单位的业务、财务、资产等信息互联互通"，可以认为，该要求是对国家大数据战略和"电子政府"战略的直接回应。同时，《意见》第十三条指出"创新评估评价方法，立足多维视角和多元数据，依托大数据分析技术，运用成本效益分析法、比较法、因素分析法、公众评判法、标杆管理法等，提高绩效评估评价结果的客观性和准确性"，更是明确将"大数据分析技术"作为绩效评价的重要手段。大数据相较

于抽样方法获取的小数据，更为准确、客观，减少了预算绩效管理的主观性。在预算绩效管理中引入大数据技术，将各项决策建立在数据基础之上，"用数据说话、用数据决策、用数据管理、用数据创新"，将有力推动政府绩效管理和治理能力的提升。

以完备的资源体系重构预算绩效管理全方位格局。受制于信息完备性缺失，我国预算绩效评价以重大政策和项目支出为对象，较为缺乏对政府预算绩效、部门和单位预算绩效的评价。大数据技术摒弃小数据时代的经典随机采样方式，着眼于获取微观和细节信息，经由对全数据的分析处理，使分析结果具有更高的精确性。再则，从既有基于自设评价指标和自评打分的评价方式来看，预算绩效评价结果质量堪忧。大数据技术能够通过建立地方、区域、全国共享的财政大数据信息系统，采取绩效标杆、海量数据比对等方法进行绩效评价，充分兼顾部门、政府和政策三大类别目标，改变预算部门自评、财政部门和专家及第三方评价机构重点评价的单个项目、小范围、抽查式、低质量的绩效评价状况，从而重构预算绩效管理的格局。

以高速流动的数据实现预算绩效管理全过程监控。预算与绩效的关系疏离已然成为我国预算绩效管理的弊端。绩效管理贯穿预算申报、预算审批、预算编制、预算执行等整个流程。从我国预算绩效管理应用实践来看，绩效评价、预算申报与安排、政策调整三者缺乏有效的联系机制，导致预算部门无法实现对项目预期效果、公众满意度等的有效测量，不仅缺乏对项目执行进度、调整及趋势的监管，也缺乏对政府采购、项目公示、招投标情况等项目管理情况的监控。当前财政部门的预算监控工作以及各预算部门预算执行进度情况为重点，并按季通报，这种报告方式时效性较低。同时，财政部门通过调查取证、实地核查以及绩效运行信息采集等方式重点抽查预算部门的预算绩效运行情况，人力、物力、财力耗费较大。大数据聚合、挖掘、收集以及联机分析技术能够预防政府预算执行偏差。可见，信息高度流动的大数据技术背景下，绩效信息得以贯穿整个预算流程，经由事前、事中、事后绩效管理闭环系统，全过程监控将变得更为快捷易行。

以包罗万象的整合技术促使预算绩效管理全覆盖。预算绩效管理的范围较广，涵盖不同的政府层级、不同的公共部门和不同性质的全部财政资金。在同一预算绩效评价体系中，来源不同的信息必然存在格式和内容的多元化，以结构化的文字信息为处理内容的传统数据处理方法对此无能为力。大数据分析处理技术能够将多源化、多样性的数据进行整合，让财政数据的价值充分发挥。此外，跨系统、跨平台的开放共享平台能够实现政府部门纵向和横向信息顺畅交流，聚集、整合碎片化数据以破解"信息孤岛"和"数据烟囱"困局。

（二）大数据技术应用于全面预算管理的制约因素

数据开放共享的制度及规范缺失。政府预算数据来源颇广，不仅要将行政机构的数据信息与立法、司法等部门的数据横向共享，同时要逐步建立各级政府间的纵向数据链接。但是，无论是内部共享共联还是外部信息共享目前都未能实现，限制了数据挖掘分析的深度和广度。一个重要的原因在于，政府预算数据信息共享开放平台的相关法律法规的缺失，

"理性经济人"思维下个人或者部门利益至上之风盛行，数据信息开放共享程度较低，使大数据技术在预算绩效管理中的运用缺乏坚实的数据基础。同时，也缺乏国家层面的在统计、税收、预算、审计等领域应用大数据的规范条例。

主动供给数据和服务的理念不深。政府预算数据是开展数据挖掘工作的数据基础。大数据视域下，政府应当改变传统被动的数据供给和服务方式，以更加积极开放的态度对外共享数据，主动推送数据和服务。但是当前，大数据意识和思维尚未在我国政府部门内部各层次人员中形成。横向来看，由于不同地区政府在大数据战略发展理念、软硬环境建设、数据公开以及信息保护等方面存在差异，大数据应用实际效果的差距也较大。纵向来看，不同层级的政府领导对数据的认知和重视也存在差距，一般地，省市级政府领导较为重视大数据政务的发展与应用，而基层政府领导的大数据思维和意识则相对淡薄，对大数据的重要性的理解较为粗浅。

专业化的预算绩效管理人才不济。相较于传统数据处理、分析方法，预算绩效数据将更多地采用多元回归分析、聚类分析、判别分析、贝叶斯决策和神经元网络等，因此熟悉信息网络技术兼深知绩效数据库的复合型人才是预算绩效管理的重要主体，但我国预算绩效管理无论是理论知识层面还是绩效管理实践层面恰恰缺乏这方面人才，熟谙预算管理的实务工作者在计算机网络数据库使用方面技能不足，难以胜任应用大数据技术进行绩效数据挖掘和分析处理等工作，导致绩效数据采集、挖掘、数据库管理工作滞后，制约了预算绩效管理体系建设的步伐。

三、以大数据技术实现全面绩效管理的对策建议

（一）加强大数据制度机制建设

在制度层面，一方面应依托于《中华人民共和国政府信息公开条例》出台大数据采集办法、使用许可办法、管理办法以及安全责任办法等实施细则，畅通政府公共职能部门间、政府与社会之间的信息渠道，约束和控制财政及政府部门信息行为，最大化大数据的信息资源资产价值；另一方面要经由立法建立基于各类社会信息的第三方国家数据库，以及网络数据信息安全等法律制度，让大数据在法律框架内良性发展。在机制方面，建立明确数据采集、加工、查询、挖掘的事权和责任，建立数据质量管理流程和"救助"机制，不遗余力地扩大预算数据资源的种类和数量；建立不同预算领域内的数据采集、格式、基础架构等技术标准规范，并前瞻性地保持动态更新，降低数据处理的难度及数据运用的不便；以导向性的政策引导、支持政府部门和社会机构对数据的挖掘应用，形成全社会重视数据应用的环境，提高国家层面大数据分析水平；建立大数据信息保障部门，使之成为公共职能部门中的正常组织架构，为大数据的应用提供相适配的组织保障。

（二）着力建设大数据资源平台

功能强大的大数据资源平台是实现预算绩效实时管理、全程监控的重要技术基础，是分析、评价、改进预算绩效的重要载体，各类数据在该平台上实现从收集、转换、整合和存储的生命周期管理。该平台建设应该包括四个方面：一是建设绩效信息数据平台。其中涵盖了五级政府的不同行业的绩效目标、绩效指标和评价指标体系等信息，管理权隶属于中央，纵向上全国共享。二是建立公共大数据平台，将公共部门的财政数据及其他相关信息汇总至该平台，为绩效评价部门提供数据支持。三是建立专家数据库。各级政府均应建立不同行业的专家数据库，并互相开放共享，让各类型的智力资源充分为地方政府绩效治理服务。四是建立第三方、第四方绩效管理服务平台，使之成为第三方评价机构及第四方评价主体（即社会公众）接入政府绩效管理的通道，同时在该平台运行绩效数据要实行统一标准。

（三）重塑预算大数据管理理念

思想是行动的先导和动力，大数据深度融合了数据、技术和思维，唯有采取科学的数据处理技术，以及求真创新的数据使用思维，才能使处于隐性的、静态的数据的价值显性化、动态化。因此，必须重塑大数据管理部门以及财政部门工作人员的数据管理理念，由封闭自用理念转向共享开放理念，形成诸项工作皆以数据为基础的大数据文化氛围，实现内外部共享共联。首先要强化党政领导干部的数据思维理念，促使其改变过去传统惯性的思维方式，从"经验主义"向"数据主义"决策转变，以大数据思维方式去思考问题、解决问题，以利他分享的大数据思维考量政府数据共享开放，从拒绝政府数据开放向信息公开转变。其次要在公务员培训体系中引入大数据理念、技术和知识，减轻公务员队伍面对日新月异的技术进步和数据聚变时的茫然无措和故步自封。

（四）夯实大数据人才资源基础

全面预算绩效管理战略下的大数据管理系统建设尤为渴求深谙大数据规律、精通财税业务与计算机技术、懂得数据计量技术以寻求税收征管规律从而获取数据潜在价值的人才。首先，已经具备一定财政知识和管理基础的财政部门和政府部门的绩效管理人员应当成为绩效管理人才的重点培养对象。在财政部门和政府部门倡导"以考促学、以考促用"，鼓励其设立绩效管理培训基金，借由各种形式的培训和考察交流，培养一批财政绩效管理的骨干力量。通过开展不同层次的培训和实地考察，引导绩效管理人员从实践中获取真知，让绩效管理能力和大数据应用能力成为绩效管理人员的技能标配。其次，在内部人力和财力不足的情况下，要充分借用外部智力资源，聘请由财税以及大数据领域专家组成的顾问团，不仅能够提供直接性的技术支持，还能为内部大数据管理以及人才培养提供有效指导。最后，从长远来看，应将大数据知识、技术纳入国民教育体系，鼓励科研机构和研究性大学设立跨专业的应用型人才培养项目，为国家大数据战略和全面预算绩效管理战略储备兼具大数据管理技术和相应专业管理技能的综合性人才。

第六节　大数据技术与事业单位档案管理

当今世界是网络信息化的世界，在网络时代大数据技术得到了广泛的应用。通过大数据技术与各个行业相融合从而让各行各业都发生了很大的变化。事业单位的档案管理是事业单位管理的重要内容之一，通过将大数据技术与事业单位档案管理相融合，能够优化档案管理的工作，实现事业单位档案管理模式的创新与发展，本节就此展开了探讨。

现代社会随着网络信息化技术的不断发展，尤其是 2020 年 5G 技术已经开始普及，这些信息化技术的发展让世界完全进入了万物互联互通的时代，也给人们的生产和生活带来了极大的变化。事业单位的档案记录了事业单位的各种文献资料，这些都是事业单位重要的参考资料。在大数据技术的帮助下，事业单位的档案管理也迎来了新的发展机遇，同时也面临着巨大的挑战。从我国目前事业单位档案管理的现状来看，在大数据技术背景下，事业单位的档案管理也在不断朝向着网络化和信息化的方向发展，同时在实践的道路上取得了一定的成果，促进了事业单位档案管理的效率和质量，极大地减轻了档案管理人员的工作负担，促进了我国事业单位档案管理的快速发展。

一、大数据时代档案管理的挑战

我国的事业单位档案管理大多采用传统的管理模式，在这种传统的管理模式下档案管理无论是理念和方法都与现代化的档案管理存在很大的不同。传统的档案管理工作都是由事业单位专门设定相应的档案管理部门并配备相应的档案管理人员对单位的档案资料进行分类和整理工作，为事业单位档案的查询提供便利，但是在大数据时代信息化技术已经成为档案管理的主流，因此在事业单位运行的过程中就产生了大量的数据信息，这样也会增强增加传统档案管理的数据量，同时也存在着纸质档案和电子档案相交叉的情况，如果还是沿用传统的档案管理方法对大数据时代的档案进行管理就无法满足网络时代信息化管理的要求，这就会导致现在大数据时代事业单位档案管理无法顺利地开展工作。

在大数据时代，各种档案数据信息的存储方式已经由传统的纸质档案管理转变为电子信息记录与存储。大数据时代的事业单位电子档案数据化管理不仅能够保存档案的文字信息，还能保存图片信息和视频信息，这样更有利于后期的管理和查询。通过电子信息的存储方式能够实现事业单位档案管理的多元化存储，这样也能够为事业单位档案管理带来极大的便利，节省了档案的储存和提取时间。由于大数据技术需要利用计算机信息化技术来开展信息的管理和存储工作，因此对于档案管理人员的素质提出了更高的要求。如果档案管理人员在操作中出现一些失误，很容易造成电子数据档案的永久丢失或者毁损，因此档案管理要确保管理人员具备足够的胜任能力，只有这样才能确保档案管理的质量和效率。

二、大数据技术在事业单位档案管理中的运用

将信息化的管理理念与传统管理理念相融合。事业单位的档案管理为了能够积极应对大数据时代档案管理的要求，更好地实现档案管理工作的科学化和数据化，在档案管理中要不断地改变管理理念与管理方法。同时也要将信息化的管理理念与传统管理理念相融合，只有这样才能让事业单位档案管理人员的思想统一，紧紧地跟随时代发展的步伐，有利于档案管理的长远发展。通过传统与现代的结合共同提升档案管理的质量和效率。从目前事业单位的档案管理现状来看，由于我国事业单位大多属于传统的管理行业，因此在档案管理方面受到传统档案管理理念的影响较重。虽然传统的档案管理在实际运用中有其固有的优势，但是这种传统管理方式与现代化的大数据技术在档案管理中会存在一定的出入，而随着事业单位的发展产生的档案信息数据量越来越多，因此传统的档案管理方式无法对档案信息进行快速的整理与整合，导致了事业单位信息化的进程相对比较缓慢。为了能够实现大数据时代的发展，事业单位在开展档案管理工作时应该不断提升档案管理的信息化水平，注重传统的管理理念与现代化的管理方法相融合，充分发挥传统档案管理和现代信息化档案管理的优势，不断提升事业单位档案管理的效率和质量。事业单位要做好档案管理人员的教育和培训工作，定期对管理人员开展信息化技术方面的培训，让他们能够了解大数据时代信息化管理的要求。同时根据事业单位的具体情况选择合适的信息化管理技术。将传统的管理与现代化的管理相统一，比如可以将档案信息目录化进行标识分类，在查找某一份档案时可以先根据电子目录查询具体的位置，然后再根据目录对应在储藏室的位置在书架上进行纸质版的寻找，这样不但能够节省查询人员的时间，同时也提高了查询的效率和准确度，大大降低了档案信息管理人员的工作量。

强化事业单位档案信息资源的安全管理。事业单位的档案记录了事业单位发展过程中的所有信息资料，对于事业单位的发展至关重要，因此开展档案管理工作必须重视对于档案信息资源的安全管理，落实好档案管理的安全责任。尤其是在大数据时代事业单位档案管理在信息化的推进下实现了纸质档案向电子档案的转化，提升了档案管理的全面性、统一性和协调性。在电子档案的管理过程中首先要做好纸质档案的管理工作，避免纸质档案在传递、借阅和搬运过程中出现丢失毁损的现象，同时也要加强相对应的电子档案的加密处理，给电子档案加上只读属性，避免被人为修改，提升档案的安全性。录入的档案信息应该严格按照纸质档案中的各项内容资料进行，只有这样才能真实地将纸质档案的信息转化到电子档案当中。提升电子档案信息的准确性、可靠性和实用性，避免信息录入的错误给档案管理的后期维护和使用带来不必要的麻烦。档案管理人员在完成档案录入工作以后应该严格的落实档案的管理办法，不能随意丢弃纸质档案，为后期的电子和纸质档案对比

查询提供参考。在档案管理中应该加强对电子档案工作的重视。要在档案管理的信息系统中加装安全防护软件，避免电子档案数据被泄露或者受到网络病毒、黑客的攻击，提升单子档案信息的安全性和可靠性。

充分利用档案信息的各种资源。在大数据时代事业单位的档案管理为了能够提升信息的开发力度，提升信息管理的效率，必须对档案信息中的各项资源进行充分的挖掘和利用，不断提升档案信息的利用率和管理质量。要对电子档案信息进行完善，从目前电子信息技术在事业单位档案管理中的实际运用来看，信息化的档案管理模式比传统档案管理模式更加方便、快捷、准确。同时也能够在较短的时间内完成档案的录入分类和管理，提升了档案管理的效率和质量。因此一定要充分开发档案资源，避免档案信息浪费。在建立事业单位档案管理信息查询时可以充分利用档案中的信息提取重要的关键词，在信息系统中输入这些关键词就可以迅速定位并查找到这些档案信息，这样一方面节省了电子档案录入人员的工作量，同时也提高了档案的查询效率，充分利用了档案信息的各种资源。

大数据技术给事业单位的档案管理带来了难得的发展机遇，同时也让档案管理面临着巨大的挑战，事业单位档案管理必须不断提升信息化水平，只有这样才能适应大数据时代档案管理的要求。

参考文献

[1] 侯希来. 计算机发展趋势及其展望 [J]. 科技展望，2017，27（17）：14.

[2] 廉侃超. 计算机发展对学生创新能力的影响探析 [J]. 现代计算机（专业版），2017（06）：50-53.

[3] 冯丽萍，张华. 浅谈计算机技术发展与应用 [J]. 现代农业，2012（08）：104.

[4] 冯小坤，杨光，王晓峰. 对可穿戴计算机的发展现状和存在问题研究 [J]. 科技信息，2011（29）：90.

[5] 范慧琳. 计算机应用技术基础 [M]. 清华大学出版社，2006.

[6] 尤延生. 项目教学法在高职院校教学实践中存在的问题及解决思路 [J]. 求知导刊，2016，0（20）.

[7] 岳旭耀. 高职院校设备管理中存在的问题及改进措施 [J]. 科学中国人，2015，0（9Z）.

[8] 贺嘉杰. 浅析计算机应用的发展现状和趋势探讨 [J]. 电脑迷，2017（2）.

[9] 赵洪文. 计算机应用的发展现状及趋势展望 [J]. 科技创新与应用，2018（2）：167-168.

[10] 喻涛. 试论计算机应用的现状与计算机的发展趋势 [J]. 通讯世界，2015（06）.

[11] 谢振德. 计算机应用的现状与发展趋势浅谈 [J]. 电脑知识与技术，2016（27）.

[12] 付海波. 试论计算机应用的现状与计算机的发展趋势 [J]. 数码世界，2017（11）.

[13] 梁文宇. 计算机应用的现状与计算机的发展趋势 [J]. 科技经济市场，2017（02）.

[14] 张跃. 计算机应用现状及发展趋势 [J]. 船舶职业教育，2018（01）.

[15] 刘青梅. 计算机应用的现状与计算机的发展趋势 [J]. 电脑知识与技术，2016（25）.

[16] 李成. 浅析计算机应用及未来发展 [J]. 通讯世界，2018（09）.

[17] 胡乐. 浅谈计算机应用的发展现状和发展趋势 [J]. 黑龙江科技信息，2015（2）：104.

[18] 王金嵩. 浅谈计算机应用的发展现状和发展趋势 [J]. 科学与财富，2015（10）：106.

[19] 王晓. 计算机应用的现状与计算机的发展趋势探讨 [J]. 科学与信息化，2018（31）.